Nicholas Aijuka

Gestão de resíduos em Kampala e arredores

Nicholas Aijuka

Gestão de resíduos em Kampala e arredores

ScienciaScripts

Imprint

Any brand names and product names mentioned in this book are subject to trademark, brand or patent protection and are trademarks or registered trademarks of their respective holders. The use of brand names, product names, common names, trade names, product descriptions etc. even without a particular marking in this work is in no way to be construed to mean that such names may be regarded as unrestricted in respect of trademark and brand protection legislation and could thus be used by anyone.

Cover image: www.ingimage.com

This book is a translation from the original published under ISBN 978-620-2-05382-2.

Publisher:
Sciencia Scripts
is a trademark of
Dodo Books Indian Ocean Ltd. and OmniScriptum S.R.L publishing group

120 High Road, East Finchley, London, N2 9ED, United Kingdom
Str. Armeneasca 28/1, office 1, Chisinau MD-2012, Republic of Moldova, Europe
Printed at: see last page
ISBN: 978-620-7-76233-0

Índice

PREVISÃO

A gestão dos resíduos de forma incrivelmente boa e razoavelmente mais barata é um dos maiores desafios que a cidade enfrenta e uma das principais responsabilidades que a autoridade da cidade está mandatada, simplesmente porque esta é uma área que determina a competência da autoridade e dos líderes eleitos, se os titulares estiverem nas próximas corridas.

Se as situações no domínio da gestão dos resíduos são continuamente insatisfatórias para os habitantes da cidade, isso é, na sua opinião, uma grande fraqueza, porque não só os sujeita a riscos para a saúde, como também mostra a irresponsabilidade social dos seus dirigentes.

Desde que a KCCA foi criada, a gestão dos resíduos sólidos e das águas residuais são algumas das questões prevalecentes que têm sido vistas no plano principal a ser tratado pela autoridade. Quando a lei do KCCA foi promulgada, foi criada uma secção sobre a gestão de resíduos, sublinhando o que, ao longo do tempo, tem sido a causa da má gestão dos elementos de resíduos acima referidos na cidade e dando ao público orientações para a sua gestão. Alguns dos mecanismos propostos foram implementados, mas continuam a faltar devido aos factores que foram exaustivamente expostos nos capítulos deste documento.

A Autoridade da Cidade Capital de Kampala (KCCA), que foi mandatada para prestar serviços públicos aos habitantes da cidade de Kampala, deve, portanto, apresentar um relatório anual meticuloso com uma prestação de contas do que foi feito num determinado período de tempo, por exemplo, trimestralmente. Isto ajudaria a avaliar o seu desempenho pelo seu pessoal técnico e de apoio nas proximidades da cidade, servindo assim para saber onde foram alcançadas melhorias e onde falta, uma alternativa de humanização é procurada de todas as formas possíveis.

Por conseguinte, este artigo incide sobre questões relacionadas com a gestão de resíduos na cidade de Kampala, baseando-se nos actuais desenvolvimentos infra-estruturais, nas tendências de consumo da crescente população da cidade, nas cidades de referência e nos conselhos municipais em todo o mundo, nas práticas de várias sociedades em países desenvolvidos e em desenvolvimento.

Os vários colaboradores e leitores deste livro devem, por conseguinte, esperar as melhores ideias partilhadas sobre a condução de mudanças na gestão de resíduos nas circunstâncias actuais.

PREFÁCIO

"Muitas vezes, é normal que os criticados vejam as críticas como a ameaça da sociedade, por trazerem à luz tudo o que a afecta negativamente". No entanto, o inverso deve ser a amarga realidade, se quisermos transformar as nossas sociedades em lugares melhores e mais produtivos.

O objetivo deste artigo é, basicamente, pôr em evidência as lacunas na gestão de resíduos das cidades, municípios, conselhos municipais, juntas de freguesia e centros comerciais do Uganda, tendo a capital Kampala como área de estudo de caso.

Foram feitas muitas citações, razões para os misteriosos sistemas de gestão de resíduos, as suas implicações negativas na sociedade. No entanto, foi feito um grande número de recomendações e de conclusões sobre a forma como o "lixo" pode ser transformado em tesouro por várias partes interessadas, para que se ganhe uma vida melhor e se melhore a subsistência dos nativos.

Este artigo está repleto de conhecimentos para os académicos, tendo sido analisado por muitos profissionais da área da engenharia ambiental, investigadores na área da saúde pública, especialistas na gestão de águas sólidas e residuais e diferentes empresas que se aventuraram neste domínio.

Esta é uma leitura obrigatória para todos os que têm o que oferecer às suas cidades de origem em termos de melhoria do saneamento, da saúde e da subsistência geral das pessoas.

RECONHECIMENTO

Em primeiro lugar e acima de tudo, agradeço a Deus Todo-Poderoso que me deu a vida, muitas oportunidades à minha volta que foram de facto uma inspiração para o meu trabalho, esta publicação em particular.

Estou igualmente grato à minha família: o meu pai, Sr. KategayaNaboth Mushabe, a minha mãe, Sra. NagabaHarriet (RIP), os meus irmãos Kwesiga Evadio, Fortunate Nankunda, Julian Ninshaba, Lilian Kirabo, CP. UbaldoBamunooba e a sua família. Estiveram sempre presentes em muitos momentos difíceis da minha vida e apoiaram-me em todos os meus esforços. Só Deus pode recompensar a vossa contribuição para as minhas lutas, que sempre apoiaram.

Muito obrigado à Lambert Academic publishing por me ter ajudado a editar e publicar o meu trabalho. Todos os membros da equipa foram excelentes para mim, especialmente o Sr. Andrei Fotescu, que sempre me deu respostas rápidas sempre que lhe pedi informações.

Os meus agradecimentos a Babette Van Gassel e ao Dr. Duncan Clarke, que me inspiraram através das suas várias publicações e da plataforma que criaram para mim durante as semanas do petróleo em África, na Cidade do Cabo, África do Sul, em 2015 e 2016, durante as semanas do petróleo em África, sob a égide da sua empresa Global Pacific and Partners. Que o bom Deus vos recompense incessantemente!

Os meus agradecimentos especiais vão também para: Prof. Mondo G Kagonyera, Prof. Emmanuel Tumusiime Mutebile, Sr. Yeyard Munanura, Sr. Josephat Musasizi, Sr. Levi Ainamani, Sr. Ssewajje Hassan, Sr. Davis Ampumuza (Autor de Great Mind e Mystery Oil Ditch), e os meus professores Sr. Martin Tumutungire, Dr. SsemiyagaSwaib, Prof. Davis Ampumuza (Autor de Great Mind e Mysterious Oil Ditch), e os meus professores, Sr. Martin Tumutungire, Dr. SsemiyagaSwaib, Prof. Albert Rugumayo, Assoc Prof, Dr. Charles Niwagaba. Obrigado por me ajudarem em diferentes tarefas que tive de realizar, por me facilitarem as minhas viagens académicas, especialmente quando me faltavam recursos, por toda a orientação que me foi dada e por me introduzirem no "mundo da publicação". Que Deus todo-poderoso vos recompense abundantemente!

ACRÓNIMOS

WMWaste management

MSWMunicipal Solid Waste

MSWMMunicipal Solid Waste Management

KCCA Kampala Capital City Authority

CCNCity Council of Nairobi

CBOCommunity Based Organization

ULB Urban Local Bodies

ILOInternational Labor Organization

RMBReniminbi

MOCMaintenance of Certification

SEPA Smart Electric Power Alliance

NGO Non-Governmental Organization

ISWM Integrated Solid Waste Management

NUSPNational Urban Sanitation Policy

GPSGlobal Positioning System

RDFRefuse Derived Fuel

GIZGesellschaftfürInternationaleZusammenarbeit

EPРExtended Producer Responsibility

SHGSelf Help Group

GHGGreen House Gases

FAQ Frequently Asked Questions

IECInternational Electro technical Commission

EIAEnvironmental Impact Assessment

NEMANational Environmental Management Authority

MoEFMinistry of Environment and Forestry
PPPPublic-Private Partnership

O&MOperation and Maintenance

MISManagement Information System

SLBService Level Benchmark

TPDTonnes per Day

EU   European Union

CAPÍTULO 1. INTRODUÇÃO

O Uganda é um país que registou progressos no desenvolvimento e está classificado entre as economias de crescimento mais rápido em África pelo Banco Mundial. O Uganda é um país sem litoral situado a cerca de 800 quilómetros da periferia do Oceano Índico e transversal ao equador. Partilha as margens do Lago Vitória na sua parte noroeste. O Uganda faz fronteira com o Quénia a leste, a Tanzânia e o Ruanda a sul, o Sudão do Sul a norte e a República Democrática do Congo (RDC) a oeste. A superfície terrestre do Uganda é de cerca de 241.139 quilómetros quadrados; o Uganda habita uma grande parte da bacia do Lago Vitória e as pequenas ilhas, ou seja, as ilhas Sese

Kampala é a capital e a cidade administrativa do Uganda. A cidade de Kampala é constituída por cinco divisões, a saber, Kampala Central, Kawempe, Lubaga, Makindye e Nakawa. De acordo com os dados disponíveis da KCCA, a produção per capita de lixo é de um quilograma por dia. Continua a ser um desafio ter acesso aos dados técnicos e estatísticos da KCCA, devido à natureza demasiado política da direção e do conselho, sob a suspeita de que estes são alvo de ataques de actores políticos em alguns locais falhados. Alguns registos que foram referidos provinham do departamento de recursos da NEMA. Por conseguinte, devido ao facto de a administração ter resolvido as muitas questões de liderança da cidade, as condições só eram propícias à recolha de dados primários.

A recolha de lixo em Kampala é um serviço gratuito para as pessoas pobres que vivem nos bairros de lata das divisões de Kampala. No entanto, as empresas comerciais pagam pela recolha do lixo utilizando colectores de lixo registados na Autoridade Nacional de Gestão Ambiental (NEMA) e na KCCA.

A KCCA é um organismo de implementação da NEMA e actua em nome da NEMA através da utilização da sua Portaria sobre o lixo de 2000 (KCC, 2000) para implicar os culpados que são encontrados a despejar ilegalmente os resíduos. Existem mais de 60 colectores de lixo registados e licenciados na cidade e a KCCA não cobra impostos pela recolha do lixo. A principal razão subjacente à recolha gratuita de lixo em Kampala foi a deposição desatenta de lixo nas principais estradas e canais de drenagem de água, como o canal Nakivubo, o canal Katanga e muitos outros, o que mais tarde resultou em graves inundações na cidade, que poderiam deslocar e matar muitas pessoas durante as chuvas fortes devido a bloqueios nestas instalações.

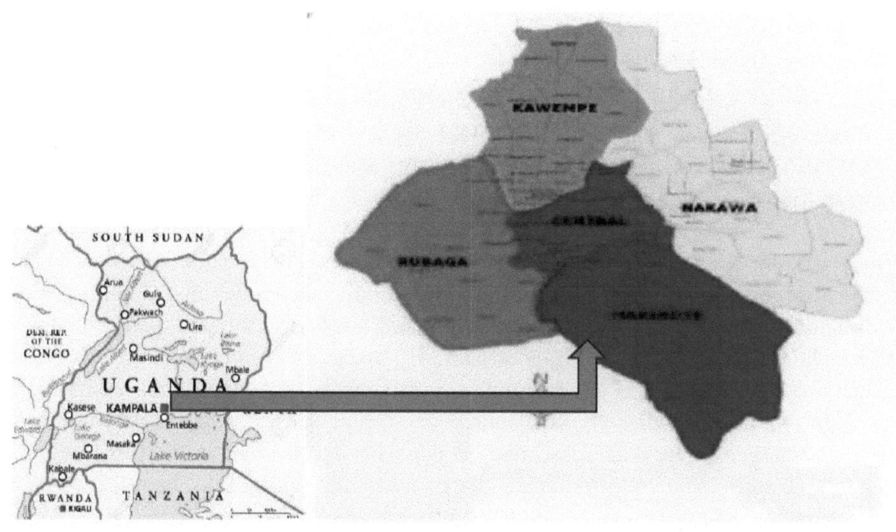

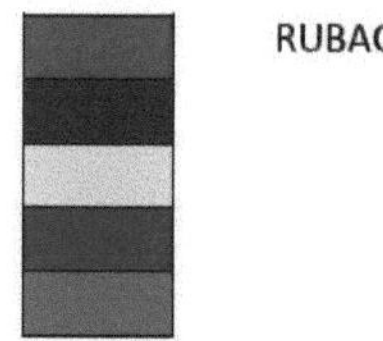

Figura 1: Mapa que mostra as divisões da cidade capital de Kampala

DADOS ESTATÍSTICOS SOBRE A RECOLHA E ELIMINAÇÃO DE RESÍDUOS SÓLIDOS EM KAMPALA

Recolha e composição dos resíduos sólidos urbanos

De acordo com a portaria relativa à gestão dos resíduos sólidos (KCC, 2000), a recolha, o transporte e a eliminação do lixo são da responsabilidade da KCCA e das suas cinco divisões. Em 2009, apenas 400-500 toneladas de lixo eram recolhidas por dia. Atualmente, cerca de 1.000 toneladas são recolhidas por dia e eliminadas no aterro sanitário de Kitezi. Apesar da duplicação da quantidade de resíduos recolhidos, a eficiência ainda é baixa, sendo de apenas 65,2% em relação aos resíduos produzidos na cidade. Isto significa que 34,8% do lixo produzido diariamente não é recolhido e eliminado corretamente, o que resulta numa eliminação indiscriminada por parte do público.

De acordo com a KCCA, (2013), 70-80% do lixo gerado na cidade é orgânico, enquanto o restante é inorgânico, composto por vidro, papel, metais, resíduos de construção e demolição.

Composição dos resíduos sólidos por percentagem em Kampala

A composição dos resíduos produzidos foi de 73,8% de matéria vegetal, 8% de cortes de árvores, 5,50% de detritos de rua, 5,50% de papel, 3,10% de metal, 1,70% de pó de serra,

1,60% de plástico e 0,90 de vidro. O vidro representava a composição mais baixa, enquanto a matéria vegetal representava a mais alta.

O estudo para os números acima referidos foi efectuado pela KCCA nas cinco divisões (ou seja, Kawempe, Kampala central, Lubaga, Makindye e Nakawa) e a área estudada é à escala de 1:32.700. Embora Kampala esteja rodeada por uma zona industrial, o meu estudo abrangeu principalmente os resíduos sólidos e alguns aspectos das águas residuais. Para realizar o estudo, os pesos dos resíduos que entravam nos camiões do lixo eram registados antes de serem descarregados para serem separados pelos catadores. A equipa de investigação (dez assistentes de investigação) registou manualmente as informações durante 24 horas por dia, sete dias por semana, todos os meses, durante um período de um ano, com início em julho de 2012 e junho de 2013. A equipa era composta por 10 assistentes de investigação, dos quais 5 recolhiam os dados durante o dia e os outros 5 trabalhavam à noite. A cada assistente de investigação foi atribuída uma divisão para registar as toneladas de resíduos entregues pelos camiões. Cada camião registado descarregava depois o lixo na zona de descarga atribuída pelo gestor do aterro para um determinado dia, com a ajuda dos guias dos camiões.

As tonelagens foram estimadas com base no tipo de camião que transportava o lixo para o aterro, com base nos arquivos dos registos da ponte-báscula, uma vez que esta não estava operacional durante o período em que os dados foram recolhidos. Os dados brutos foram totalizados para obter o peso total dos resíduos gerados por cada divisão. Os métodos utilizados foram principalmente a observação e alguns documentos disponíveis.

O quadro abaixo indica o peso estimado do lixo produzido nas cinco divisões lideradas pela KCCA, nomeadamente: Kampala Central, Kawempe, Lubaga, Makindye e Nakawa. Os resultados indicam que Kampala Central produz a maior tonelagem de resíduos em comparação com as restantes quatro divisões. A produção também é afetada pelas estações do ano, ou seja, a tonelagem da zona central de Kampala aumenta acentuadamente durante os meses de março, abril, julho e agosto, principalmente devido ao afluxo de muitos produtos agrícolas provenientes de vastas aldeias e terras agrícolas de todo o país que se encontram no pico da produção. As tendências de produção de resíduos na capital Kampala, Uganda, nos anos de 2012 e 2013. A produção é elevada durante os trimestres 1 e 2 para a KCCA e baixa no trimestre 3, enquanto que para os contratantes privados, a sua recolha aumenta durante os trimestres 3 e 4 e baixa durante o primeiro trimestre, como indicado na tabela abaixo; Total de toneladas e percentagem de toneladas por trimestre para os contratantes privados e a KCCA

Tabela 1. Peso estimado do lixo produzido em cinco divisões de Kampala

TRIMESTRE	KCCA (toneladas e %)	PRIVADO (tons e %)
1º	58,816 (68.30%)	27,304 (31.70%)
2.o	56,414 (64.09%)	31,615 (35.91%)
3ª	53,930 (61.59%)	33,627 (38.41%)
4.o	56,668 (63.48%)	32,603 (36.52%

Divisão de Produção e Composição de Resíduos Sólidos na Cidade Capital de Kampala, tanto pela KCCA como por empresas privadas, trimestralmente

Os registos da KCCA indicam que a região central de Kampala gera mais lixo em toneladas do que as outras divisões da KCCA, seguida de Lubaga, Kawempe, Nakawa e Makindye. Por conseguinte, o orçamento para a gestão dos resíduos sólidos deve ser afetado em função da tonelagem produzida por cada divisão. Neste caso, o orçamento para a recolha de lixo da Central de Kampala deveria ser duplicado para permitir ao pessoal da divisão de resíduos sólidos planear e eliminar o lixo na cidade. Os decisores políticos e a administração sénior da KCCA devem utilizar a informação sobre a tonelagem para orientar a política e a tomada de decisões, por exemplo, o número de equipamentos utilizados e o pessoal ocasional devem variar muito de uma divisão para outra, dependendo dos resíduos sólidos gerados. De acordo com os documentos disponíveis e a observação (Autoridade, 20012-2013), a quantidade de tonelagem gerada aumentou, o que pode ser atribuído ao atual "modelo de gestão partilhada de resíduos sólidos". Neste modelo, as cinco divisões foram reunidas num organismo central chamado KCCA. Partiu-se do princípio de que a escala conduz à eficiência (Dollery & Akimov, 2008; Dollery & Crase, 2004). Os recursos disponíveis no âmbito deste modelo foram partilhados, como os camiões do lixo, os trabalhadores causais e os equipamentos pesados, ou seja, as pás carregadoras, para facilitar o aumento da recolha e da eliminação do lixo, aumentando assim a eficiência da recolha de 55% a 65% (Madinah, 2014, 2015). Embora o modelo se tenha revelado significativo, pode levar a uma exploração excessiva, com consequências negativas para a KCCA no futuro. Não seria errado concluir que a escala levou a uma maior eficiência na gestão de resíduos sólidos, pelo menos no Uganda (Sorensen, 2006), uma vez que os resultados da observação indicam uma melhoria modesta de um certo nível de saneamento nas ruas do centro da cidade. Uma vez que este estudo foi realizado no centro da cidade, antes de ser replicado, deve ser feita mais investigação com o estudo de caso dos municípios para verificar se o modelo dá resultados positivos antes de a política ser orientada para a partilha de resíduos sólidos no Uganda. A partilha de resíduos sólidos resultou numa melhoria imediata das condições de saneamento na cidade. Pelo menos em todas as estradas principais e nos canais de água, há um compromisso para garantir que Kampala imite uma cidade deslumbrante e higiénica como as dos países desenvolvidos, como a China e a França. O ligeiro avanço na eficiência dos resíduos sólidos pode ser visto instantaneamente na cidade.

A produção de recolha de resíduos sólidos está estimada num número aproximado de toneladas, totalizando 1.500 de lixo por dia. No entanto, ao longo dos anos, a KCCA tem conseguido recolher apenas 500 toneladas por dia. Isto fez com que o lixo se acumulasse exponencialmente nos bairros de lata, nas esquinas das ruas e nos mercados locais, o que conduziu a uma ameaça muito grande para os habitats "em termos de saúde" e outros riscos para o ambiente no que respeita ao aumento do nível de toxicidade dos solos e das fontes de água que se encontram perto da superfície do solo.

Ultimamente, a média de recolha de lixo é de 29 543 toneladas/mês, conforme estimado no final de junho de 2015, contra 16 000 toneladas em abril de 2014, o que indica um aumento de 84,6%. Este desempenho é bem reconhecido, mas não se deve esquecer que, para uma economia em rápido crescimento e uma nação classificada com uma percentagem de 5% em termos de crescimento económico, social e político, este não é o nível a que uma preocupação de saúde pública como esta deve ser abordada. Tenho visto a KCCA receber demasiada atenção e reconhecimento por parte dos meios de comunicação social pela sua contribuição para o combate à má gestão dos resíduos, que aumentou de 54% para mais de 68,9%, em resultado da suposta melhoria da supervisão, da gestão da frota de lixo e do aumento do número de trabalhadores temporários que foram contratados para varrer as ruas e desassorear os esgotos das estradas. Isto é absolutamente fantástico e toda a gente elogiaria a iniciativa, mas a publicidade nos meios de comunicação social e a publicação em muitas revistas em papel não valem assim tanto o trabalho feito até agora. No entanto, há sempre um lugar no topo e isso pode ser feito através da aceitação de críticas positivas para o melhoramento da nossa querida cidade.

No ano em que o KCCA foi lançado, foi também lançada uma iniciativa comunitária para melhorar a limpeza da comunidade. O exercício de limpeza foi institucionalizado como um exercício mensal em todas as divisões no último sábado do mês. No decurso do programa, o KCCA trabalhou com várias instituições, incluindo bancos, empresas de telecomunicações, governo de Buganda, polícia, instituições religiosas e a Fundação Yange da Cidade de Kampala. Tudo com o objetivo final de assegurar que a limpeza geral da cidade está no auge.

Foram adquiridos e distribuídos mais de 815 caixotes do lixo no Central Business District, nas escolas e nos hospitais do KCCA, a fim de promover uma gestão responsável dos resíduos sólidos, mas esta iniciativa tem sofrido os desafios de uma substituição limitada dos antigos caixotes, que têm fugas e buracos que já não conseguem conter os resíduos sólidos. A culpa não deve ser atribuída apenas às autoridades, porque também existe demasiado laxismo por parte do público em geral, que se atrasa a comunicar estes casos aos serviços responsáveis. Mais ainda, existe uma utilização irresponsável por parte dos cidadãos, na medida em que, quando é evidente que alguns contentores não se destinam a um determinado tipo de resíduos, as pessoas despejam-nos com a intenção de ver o que pode acontecer.

A lei dos resíduos sólidos foi divulgada e, pela primeira vez desde a sua formulação há 12 anos, foi aplicada e foram efectuadas mais de 1000 detenções. Mas a questão principal continua a ser: será que os condenados foram sensibilizados e sabem realmente porque é que é muito desagradável para eles continuarem a despejar em todo o lado, em vez de o fazerem nas áreas especiais designadas, como caixotes do lixo e lixeiras comunitárias?

Para aumentar a eficiência e obter taxas de recolha mais elevadas em termos de toneladas, o KCCA concebeu um sistema integrado de gestão de resíduos sólidos com o apoio da Corporação Financeira Internacional (IFC) - um braço do Banco Mundial. O sistema integrado de gestão de resíduos sólidos foi incorporado tanto em empresas privadas como em Organizações de Base Comunitária (OBC), numa tentativa de institucionalizar o envolvimento da comunidade na gestão de resíduos sólidos e em exercícios gerais de limpeza da cidade.

CAPÍTULO 2. PORQUÊ A AMEAÇA DA GESTÃO DE RESÍDUOS?

A gestão de resíduos é uma das ameaças que mais afectam a capital Kampala.

A gestão dos resíduos na capital Kampala e na sua vizinhança é um desafio muito grande que deixou a cidade num estado deplorável, com a pior experiência para os delegados e enviados que a visitam e as piores ilusões para os turistas que visitam a cidade, apesar da beleza e serenidade do ambiente.

Algumas divisões da cidade de Kampala estão rodeadas por muitos aterros sanitários e locais de deposição de resíduos sólidos ilegais e abaixo das normas. Estes aterros são designados localmente por "fossas de lixo". Estas instalações de recolha de lixo a céu aberto levaram à propagação de algumas doenças, como a febre tifoide, devido ao facto de o lixiviado ter chegado às fontes de água subterrâneas e superficiais, contaminando assim as fontes de água na vizinhança destas zonas de recolha de lixo. Além disso, é muito fácil para os organismos portadores de agentes patogénicos, como as moscas, chegarem a estas instalações de recolha de resíduos em busca de alimento e deslocarem-se para as habitações vizinhas, aumentando a probabilidade de propagação de doenças às pessoas que vivem nas redondezas. Mecanismos de aplicação da lei deficientes, laxismo público sobre o que realmente importa quando se trata de se preocupar com a limpeza geral da área e, claro, não esquecendo a má formulação de políticas pelas partes interessadas, uma vez que a política barata do governo e da oposição está sempre em jogo, não considerando o que finalmente afecta mais a sociedade.

A incapacidade da administração de adotar práticas de gestão ambiental sustentáveis ao elaborar a estratégia de desenvolvimento inclusivo da zona, a insuficiência de recursos para gerir os resíduos. Tudo isto fez com que os nativos da zona passassem por momentos difíceis, especialmente durante a estação das chuvas, quando há demasiado mau cheiro devido às questões já salientadas no texto acima.

Com o rápido aumento da economia e da população da região, há variações no consumo de produtos agrícolas e industriais devido ao aumento dos rendimentos dos nativos. Consequentemente, os resíduos, especialmente os resíduos sólidos, aumentarão na sua escala, o que aumentará a ameaça da gestão de resíduos se as recomendações feitas nesta publicação não forem consideradas.

Materiais que já não têm qualquer valor para a pessoa que é responsável por eles e que não se destinam a ser despejados através de um cano têm sido cada vez mais vistos em muitos subúrbios da capital Kampala. Muitos destes resíduos, que se tornaram uma grande ameaça, têm origem no despejo irresponsável de resíduos domésticos.

Resíduos industriais perigosos, aterros sanitários mal geridos que contribuíram para o ambiente imundo e malcheiroso em muitos subúrbios da cidade.

Todos os tipos de resíduos foram classicamente identificados com características de serem combustíveis e corrosivos. A sua toxicidade levou à emanação e propagação de muitas doenças como a febre tifoide, a disenteria e a cólera, principalmente através da contaminação da água, uma vez que Kampala tem um lençol freático muito elevado. Este facto mostra inequivocamente que a KCCA tem a grande tarefa de assegurar que as várias formas de resíduos não sejam misturadas para uma melhor gestão. Os resíduos sólidos não devem ser misturados com o fluxo de águas residuais devido às variações de toxicidade e aos diferentes mecanismos de tratamento e, quando necessário, o mecanismo de reciclagem também difere devido às diferenças de natureza.

Uma vez que continua a faltar a implementação de habitação planeada e de povoações no Uganda, isto resultou em povoações de baixa qualidade, justificadas pela pobreza, como afirmam muitos habitantes dos subúrbios da cidade. Como resultado, há uma falha na gestão dos resíduos domésticos, o que resulta em descargas descuidadas e irresponsáveis na maioria dos canais de drenagem. A gestão dos resíduos sólidos exige um grande investimento que o governo não tem meios para efetuar. Por conseguinte, os supervisores da KCCA têm de ser inventivos e refletir sobre formas de aumentar a eficiência da gestão dos resíduos sem aumentar necessariamente as despesas da autoridade.

A quantidade de resíduos gerados ao longo do tempo varia muito, dependendo de muitos factores. Alguns dos factores mais ponderados incluem;

A geografia da zona. Este fator é grandemente atribuído ao nível de desenvolvimento de uma determinada secção da cidade. As zonas menos desenvolvidas, como Katanga, Kawaala, Kiwunya, Kamwokya, Banda, Mutungo inferior, Bwaise e Kasokoso, são consideradas zonas com populações descontroladas, porque as pessoas fogem maciçamente para essas zonas, porque é onde podem pagar. E como a população dessas zonas não é sempre clara para as autoridades municipais, torna-se muito difícil para elas pré-determinar as instalações necessárias para recolher, transportar e depositar o lixo para armazenamento temporário antes de ser levado para os aterros sanitários.

As práticas socioculturais. Muitas divisões, especialmente as subdesenvolvidas, são multiculturais e é sempre muito difícil transmitir algumas normas culturais a toda a gente e que todos se adaptem ao mesmo ritmo. Os níveis de posse material da população afetada são variantes, pelo que o grau de controlo e equilíbrio para adotar boas culturas de higiene é muito baixo.

Variações nas estações dos alimentos. As diferentes estações dos alimentos têm efeitos diferentes nos ambientes. Alguns alimentos têm um efeito mais amplo no saneamento da sociedade, dependendo da sua prontidão para serem consumidos. Frutas como as laranjas e as mangas estão prontas para serem consumidas a qualquer hora do dia, o que faz com que o ambiente sofra a fúria do despejo desnecessário dos seus restos, como as cascas e as sementes da fruta. Outros alimentos que podem aumentar o nível de sujidade do ambiente incluem o milho no pico da sua época, porque é um alimento rápido e não é necessário ir a um local específico para o comer, ou seja, uma pessoa pode comer a qualquer altura, onde quer que esteja. Este (milho) é frequentemente assado ao longo das ruas da cidade e muitas pessoas podem comprá-lo e consumi-lo a qualquer hora do dia e em qualquer local público. Isto faz com que grande parte dos restos de milho seja despejada nos canais de drenagem da cidade por cidadãos irresponsáveis.

Volume da composição dos resíduos. É provável que o volume de resíduos gerados seja pequeno e muito degradável quando a população é pequena e os géneros alimentícios fornecidos não estão embalados. No entanto, a maioria das populações dos subúrbios da cidade gera volumes mais elevados de resíduos não degradáveis quando são fornecidos géneros alimentícios embalados.

O laxismo das autoridades na aplicação das políticas elaboradas. A fraca aplicação da lei e os subornos estão associados a uma política barata por parte da oposição e do governo que procura visibilidade pública e empatia para os próximos mandatos. Isto faz com que alguns populistas políticos se coloquem do lado da maioria que está a praticar ilegalmente más práticas com os resíduos, como a falta de licenças operacionais, a falta de aterros normalizados, simplesmente porque querem ser vistos como defensores dos direitos civis nos seus círculos eleitorais. Mecanismo de aprovação deficiente de empresas, unidades de produção sem avaliar o padrão dos locais de eliminação de resíduos dessas instalações.

Manutenção deficiente dos depósitos/recipientes de armazenamento de resíduos. Alguns contentores não são esvaziados e limpos regularmente. Isto resulta no enchimento excessivo destes contentores e algumas coisas podem apodrecer neles, causando assim mau cheiro aos vizinhos destes depósitos.

Sistema de informação de gestão deficiente para o transporte de resíduos . O processo de interligação dos camiões de recolha de resíduos sólidos ainda não dispõe de GPS e de outros dispositivos de localização modificados. Esta situação faz com que o processo de recolha de resíduos se baseie em estimativas do tempo de enchimento dos contentores, que, no entanto, varia de forma diferente todos os dias.

A migração rural-urbana galopante. Isto resulta no afluxo de muitas pessoas com baixos rendimentos que vagueiam no sector informal e que não estão à altura dos padrões exigidos pela cidade. Como resultado, estas pessoas acabam por viver uma vida demasiado básica que não se pode dar ao luxo de tratar dos resíduos produzidos nas suas casas.

Falta de responsabilização; o braço existente para a responsabilização, ou seja, a auditoria interna, terá alegadamente manifestado reivindicações inflacionadas, falsificação de documentos e fraude absoluta, que incluiu pagamentos por serviços não prestados. Má gestão das receitas cobradas, caracterizada por ineficiências internas na cobrança de receitas, má gestão da cobrança de receitas, contratos, cobranças ilegais de receitas por políticos e seus comparsas, subavaliação e falsificação de licenças comerciais;

Um sistema de adjudicação de contratos repleto de infracções legais e de ineficiências; em certos casos, o processo de adjudicação de contratos demora mais de um ano, o que resulta em atrasos ou na não prestação de serviços. Nalgumas situações, alega-se que os contratos são adjudicados a "empresas de fachada" que, na maioria dos casos, não são detidas localmente, enquanto as empresas locais credíveis não recebem contratos por não poderem pagar as garantias de concurso.

Má gestão dos contratos. Por exemplo, os contratos de recolha de resíduos sólidos, de águas residuais e de resíduos electrónicos são adjudicados a empresas que, alegadamente, estão a utilizar os recursos da KCCA, incluindo o pessoal, e, noutros casos, há uma negligência total da função de supervisão que, consequentemente, resulta na perda de fundos.

Mecanismo de aplicação fraco e interferência política que afecta a implementação das leis da cidade, resultando em ilegalidade na cidade; isto tem sido testemunhado em áreas como Mpererwe, onde existe um famoso aterro sanitário da cidade, onde o líder político tem politizado o assunto, enganando o público de que o KCCA está a apoderar-se das suas terras em busca de votos. Este tipo de política barata tem levado a uma má gestão dos resíduos na cidade. Os conselheiros locais e muitos líderes tomaram esta questão como plataforma de campanha, enganando o público, dando a entender que estão a defender os seus direitos, quando na verdade estão a procurar simpatia barata e a manter firmes os seus terrenos de campanha para as próximas eleições. Este facto, por si só, constitui um grande obstáculo à gestão adequada dos resíduos em Kampala e arredores.

Um sistema de gestão municipal fraco que não conseguiu contabilizar os fundos destinados à gestão dos resíduos na cidade. O sistema de auditoria interna, que seria responsável pelo controlo, parece já estar comprometido, segundo a opinião pública maioritária. Este descontentamento público maciço em relação à estrutura de gestão é um grande risco e um fator prejudicial que pode comprometer a segurança do público. Isto deve-se basicamente ao facto de que, seja o que for, onde for e sempre que houver uma ameaça de resíduos, como o entupimento dos canais de drenagem e transporte de águas residuais, não haverá uma resposta rápida ao informar o serviço responsável, quer ligando para as suas linhas gratuitas, quer dirigindo-se diretamente a esses serviços, porque o público tem preconceitos em relação a esses serviços e sabe que a autoridade responsável não responderá prontamente. Por conseguinte, essa desconfiança em relação à estrutura constitui um enorme obstáculo para a gestão, daí a deficiência.

Existe também um problema de má gestão dos registos e dos bens, em que os académicos e investigadores não têm acesso a documentos institucionais essenciais para apoiar decisões institucionais importantes. Por conseguinte, é muito difícil determinar a verdadeira posição do KCCA no âmbito da sua responsabilidade social de orientar os académicos e investigadores no desenvolvimento da sua carreira e profissão.

Outros sinais de crise de liderança são alarmantes. Verifica-se uma perda generalizada de confiança nas nossas principais instituições, como as forças da ordem em geral. Há uma quebra alarmante dos valores tradicionais e da disciplina; a corrupção está mais ou menos institucionalizada e não estão a ser feitas tentativas sérias para a combater. Na maior parte das vezes, os autores de actos ilegais no domínio dos resíduos sólidos pagam aos funcionários da KKCA para não terem de responder perante a justiça pelas leis infringidas. A AKCCA, que não consegue fornecer água potável aos seus cidadãos, construir casas de banho e eliminar os seus resíduos de forma segura, não deve, de forma alguma, ter imaginação para apresentar medidas que garantam um crescimento económico significativo para tirar a nação da doença, da ignorância e da miséria, porque isso seria rebuscado.

Quando os dirigentes do KCCA não conseguem alcançar qualquer sucesso apreciável, desistem de qualquer esperança de melhorar a vida da generalidade da população e passam a acumular riqueza para si próprios, para as suas famílias e amigos. Em última análise, o desvio de fundos torna-se generalizado. Isto afecta negativamente a vida dos nativos, na medida em que não há recursos suficientes para transformar os resíduos em outros produtos úteis ou para os recolher das propriedades, como é suposto ser feito pelo próprio governo ou através de empresas privadas fretadas para áreas de eliminação.

À medida que o crescimento da tecnologia, da população e da evolução da produtividade de bens e serviços aumenta em Kampala, o efeito das águas residuais e dos resíduos sólidos torna-se mais galopante na sociedade. Estatisticamente, em maio de 2013, as divisões da Autoridade da Cidade Capital de Kampala (KCCA) geravam cerca de 29.537 toneladas de resíduos sólidos por mês, em comparação com as anteriores 350.975 toneladas de resíduos sólidos (SW) gerados por ano em toda a cidade.

É de notar que as estimativas feitas acima são convencionais, baseando-se nos números obtidos da direção de saúde pública do KCCA e da direção de recursos da NEMA. Presume-se que os números reais sejam provavelmente muito mais elevados do que os números indicados, com o dobro da quantidade.

A KCCA argumenta que a recolha de lixo aumentou de 54% para 65,2% nos anos anteriores. Pessoalmente, gostaria de elogiar algumas boas acções, como a continuação da capacitação de empresas privadas para ajudarem conjuntamente o KCCA na recolha de resíduos. Diz-se que a KCCA gasta aproximadamente 10.654.811 dólares por ano para recolher 65,2% do lixo produzido em Kampala. Mas a principal questão que se coloca aqui é se esses 10,65 milhões de dólares não serão suficientes para, pelo menos, recolher o lixo e canalizar as águas residuais para cerca de 95%. Se os recursos não são suficientes, por que razão não se tem defendido, através dos vários parceiros de desenvolvimento, a redução da percentagem? Isto deixa a suspeita de que muitos subúrbios da cidade, como Katanga e Kasokoso, foram rejeitados pela autoridade da cidade para recolher o lixo e canalizar as águas residuais, o que é verdade, uma vez que dificilmente se encontram razões para tal.

A crescente urbanização de Kampala, a um ritmo acelerado de cerca de 4% ao ano, que é uma das cidades com maior taxa de desenvolvimento do mundo, resultou na deterioração dos serviços de gestão de resíduos, cuja má qualidade levou à desconfiança do público em relação às autoridades, que só recorreram à compra de carros luxuosos para si próprias, só pensaram em aumentar os seus salários, viagens e outros tipos de subsídios com o dinheiro dos contribuintes que deveria ser aplicado em questões de saúde e saneamento.

Figura 2. Vista aérea do subúrbio de Katanga.

KCCA e colectores privados de resíduos sólidos urbanos (RSU); identificar as tendências do lixo no KCCA para apoiar resoluções bem pensadas; explorar as mudanças na geração de RSU durante a descentralização da administração de Kampala e; avaliar o seu desempenho, bem como aconselhar os decisores políticos sobre o panorama geral dos resíduos sólidos, a fim de tomar decisões informadas.

Figura 3: Uma secção do aterro sanitário de Kitezi perto das habitações infestadas de

17

CAPÍTULO 3. ASPECTOS DOS RESÍDUOS EM KAMPALA

RESÍDUOS SÓLIDOS

Trata-se geralmente de um resíduo não líquido que não inclui excrementos, embora por vezes as fraldas e as fezes de crianças pequenas estejam misturadas nos resíduos sólidos. Os resíduos sólidos criaram um problema de saúde significativo e um cheiro muito desagradável no ambiente em que vivemos devido a uma eliminação inadequada, insegura e deficiente.

Esta situação levou ao desenvolvimento de locais de reprodução de vectores, pragas, roedores e cobras que conduziram a um aumento da prevalência de doenças como a leptospirose e a salmonela. Os resíduos orgânicos em decomposição atraem animais, parasitas e moscas. Os vectores têm desempenhado um papel muito importante na transmissão de doenças fecais-orais, especialmente quando o lixo doméstico que contém algum conteúdo fecal não foi devidamente eliminado. Isto acontece frequentemente nos bairros de lata, onde é difícil para as pessoas terem acesso a melhores instalações de recolha de lixo, pelo que se limitam a depositá-lo em espaços abertos perto das habitações, o que leva à interface direta desses locais com agentes patogénicos, como as moscas.

Por vezes, em tempos de absoluta escassez de alimentos, alguns membros dos bairros de lata da cidade procuram refúgio nas fossas de compostagem de lixo em busca de alimento para sobreviver. Isto tem sido evidenciado nos subúrbios da cidade, como Kalerwe, Kamwokya e Katanga. Consequentemente, registou-se um aumento da gastroenterite, da disenteria, do tracoma e de muitas outras doenças.

Este facto teve um impacto adverso nas fontes de água, especialmente nas fontes de água abertas, como os poços, cuja fonte não está muito longe do nível do solo. Este facto aumentou o nível de toxicidade e, consequentemente, a transmissão de doenças, porque alguns germes que se encontram nessa água são muito difíceis de matar com a simples fervura da água, necessitando antes de um tratamento químico que pode não estar prontamente disponível para as comunidades pobres da cidade.

Esta má gestão dos resíduos sólidos afectou o moral dos habitantes dos subúrbios da cidade para se desenvolverem em muitas áreas, porque foi dada muita atenção a esta ameaça, o que obstruiu a atenção que seria dada a muitas áreas que deveriam ser desenvolvidas. Isto deve-se ao facto de a má gestão dos resíduos ter tido um impacto no comportamento higiénico geral do público.

Principais fontes de resíduos sólidos;

Centros de saúde, clínicas, farmácias. Estes locais têm sido basicamente a origem do equipamento médico usado, como seringas, agulhas, algodão, materiais de gesso, cânulas e frascos de gotejamento. Muitos destes materiais têm sido vistos a ser despejados em muitos subúrbios da cidade, provavelmente pelas clínicas que não dispõem de locais mais seguros para os depositar.

Lojas de produtos alimentares, restaurantes, cafés e outros pontos de distribuição de alimentos. A maior parte dos resíduos destes locais é constituída por restos de comida e materiais utilizados no processo de preparação, como as folhas de bananeira.

Casas alfandegárias e instalações de agências. Aqui, basicamente, trata-se dos materiais de embalagem dos produtos que são gerados nestes locais. São exemplos as caixas, os sacos de polietileno e as sacas.

Mercados e zonas domésticas. Na maioria dos casos, são os resíduos orgânicos dos restos de comida e os sacos de polietileno que são gerados nas quintas e nos mercados.

As categorias de resíduos sólidos gerados incluem;

Resíduos orgânicos. Incluem-se aqui os resíduos da preparação de alimentos, das áreas de mercado, dos recintos desportivos em grandes ocasiões, como espectáculos musicais e galas de futebol.

Não combustíveis. Estes incluem metais, latas de cerveja e de refrigerantes. Estas são muito duras e quase não ardem.

Os combustíveis. Estes são altamente orgânicos com baixo teor de humidade. Isto torna-os propensos ao fogo. Incluem: madeira seca, papéis, materiais de embalagem, pneus de automóveis e folhas secas.

Animais mortos. Alguns abutres morrem e apodrecem nas ruas, cães vadios que são atropelados por carros e motas apodrecem nos canais de drenagem da cidade. Todas estas carcaças provocam um odor desagradável que faz aumentar os vectores portadores de agentes patogénicos, como as moscas.

Resíduos perigosos. Isto inclui óleo de garagens, ácidos de baterias e resíduos médicos como seringas, lã de algodão

RESÍDUOS SÓLIDOS INDUSTRIAIS

Isto inclui óleo, ácido de bateria, papéis, roupa velha, restos de comida, equipamento hospitalar, lâmpadas de tubo,

Os produtos de limpeza doméstica são designados por resíduos especiais, frequentemente encontrados na zona industrial, em garagens como a garagem Bwaise II e na maioria das pequenas unidades de transformação da cidade.

Uma gestão integrada dos RSU. Em particular, as regras abrangem os seguintes aspectos: lista de autoridades envolvidas na gestão de resíduos sólidos urbanos e respectivas funções; política/estratégia obrigatória de gestão de resíduos sólidos urbanos a preparar pelo Estado ou pela União a nível industrial.

Território; planos obrigatórios de gestão de RSU a elaborar pela autoridade municipal; requisitos específicos para a gestão de RSU, incluindo a separação em resíduos secos de zonas húmidas, bem como restrições ao material a eliminar em aterros; só podem ser eliminados resíduos inertes não reactivos e pré-tratados; cobrança de taxas de serviço pela autoridade municipal para tornar este serviço sustentável;requisitos para os aterros sanitários, incluindo a seleção do local e o sistema de revestimento obrigatório; exigência de autorizações ambientais para a criação de instalações de tratamento e eliminação de RSU, incluindo aterros sanitários; normas para a compostagem; normas para lixiviados tratados; normas de emissão para instalações de incineração;

ÁGUAS RESIDUAIS

A ejeção de águas residuais não tratadas em lagos e cursos de água em Kampala e arredores está a ocorrer em grande escala, o que tem um impacto adverso na saúde humana, no desenvolvimento social e económico e na sustentabilidade ambiental. Muitos derrames de óleos provenientes de lavadouros e de garagens são cada vez mais deixados a caminho dos cursos de água e outros do Lago Vitória sem preparação e tratamento prévios desses resíduos antes de se juntarem a essas massas de água.

As águas residuais geradas são constituídas principalmente por resíduos domésticos e municipais.

Por exemplo, a Corporação Nacional de Água e Esgotos deve implementar acções para aumentar a eficiência operacional da infraestrutura de tratamento e garantir que a qualidade do afluente seja monitorizada antes de ser despejada nas massas de água.

A direção da NWSC deve também garantir que as licenças de descarga válidas são obtidas do Ministério da Água e do Ambiente de forma adequada e que cumprem as condições aí estabelecidas.

A NWSC deve acelerar o processo de aquisição de melhor equipamento para garantir que todas as áreas de operação efectuam uma manutenção satisfatória e reforçar o seu controlo das áreas do interior para garantir que a drenagem é feita regularmente.

A NWSC deve esforçar-se por reforçar a coordenação com outros intervenientes importantes, a fim de garantir uma melhor gestão das águas residuais nas zonas de operação.

A NWSC deve adotar medidas para garantir que os dados operacionais e os dados são mantidos e regularmente actualizados para facilitar o funcionamento e a manutenção das infra-estruturas. 56% das condutas em Kampala foram construídas na década de 1940 e 86% delas estão operacionais há 35 anos ou mais. O sistema está, portanto, a envelhecer e é provável que a taxa de falha estrutural aumente, levando a um aumento das despesas com a reabilitação e substituição dos esgotos.

Mesmo nos casos em que as águas residuais são tratadas, os relatórios mostram que os efluentes não cumprem as normas nacionais de descarga de águas residuais.

FONTES DOS RESÍDUOS

- *Resíduos de construção*

Incluem-se aqui os restos de materiais de cobertura, entulho, betão partido, pedras, papéis de cimento, pedaços de madeira de andaimes, poeiras das centrais de tratamento de resíduos. Os resíduos de construção e demolição resultantes da construção, reconstrução, demolição ou reparação de instalações não devem ser colocados juntamente com outros resíduos sólidos para recolha.

Quando os resíduos de construção são gerados por um empreiteiro, este é responsável pela remoção e eliminação imediata dos resíduos num local de eliminação autorizado.

Todos os resíduos de construção devem ser prontamente removidos e não devem ser armazenados em qualquer local onde possam ser soprados ou de outra forma dispersos para além do local de construção.

- Herdades
- Hospitais
- Unidades de produção
- Mercados

CAPÍTULO 4. QUADRO ESTATUTÁRIO E REGULAMENTAR

O projeto de regras para os Resíduos Sólidos Urbanos (Gestão e Manuseamento), de acordo com a portaria da KCCA, estipula que a KCCA "deve preparar um Plano Municipal de Gestão de Resíduos Sólidos de acordo com a política ou estratégia do Governo Central".

A KCCA elabora uma política e uma estratégia de gestão dos resíduos sólidos em conformidade com a estratégia estatal de saneamento no âmbito da política nacional de saneamento urbano

As regras **da NUSP** não fornecem mais orientações sobre o conteúdo e o desenvolvimento do plano **de gestão de resíduos sólidos urbanos.**

Por conseguinte, este capítulo fornece orientações passo a passo às autoridades locais dentro dos limites da cidade na preparação de Planos Municipais de Gestão de Resíduos Sólidos. A gestão dos resíduos sólidos urbanos é essencialmente uma função municipal e é obrigatório que todas as autoridades municipais prestem este serviço de forma eficiente para manter as cidades / vilas limpas e eliminar os resíduos sólidos urbanos de uma forma ambientalmente aceitável, em conformidade com a portaria relativa aos resíduos sólidos urbanos.

(Gestão e manuseamento) Regras 2000/2013. No entanto, também é pertinente que os sistemas de gestão de resíduos sólidos adoptem medidas que não só melhorem a conservação ambiental, mas também analisem a forma como os elevados níveis de toxinas estão a afetar a saúde de homens, mulheres e crianças. As leis municipais a nível estatal mencionam claramente as funções obrigatórias que os **ULBs** devem desempenhar e também as funções discricionárias adicionais que **os ULBs** devem desempenhar. Por conseguinte, **as ULBs** têm de dar prioridade às suas funções obrigatórias, considerando devidamente o seu estado atual e as suas deficiências, e **a gestão dos resíduos sólidos urbanos** é uma componente integral dos serviços urbanos, responsável por um ambiente seguro e saudável.

Por conseguinte, a preparação e a aplicação de um plano estratégico e pormenorizado de gestão dos resíduos sólidos urbanos são essenciais. O Regulamento RSU de 2013 estipula que cada ULB deve preparar um plano de gestão dos resíduos sólidos urbanos e cada Estado um manual de estratégia de gestão dos resíduos sólidos urbanos para colmatar as lacunas existentes. Torna-se imperativo fazer um balanço da situação existente e desenvolver um Plano Municipal de Gestão de Resíduos Sólidos que aborde todos os aspectos da gestão de resíduos sólidos em conformidade com as Regras de RSU 2000/ 2013, e em alinhamento com a respectiva Estratégia de Saneamento do Estado ao abrigo da Política Nacional de Saneamento Urbano e também seguindo os princípios da hierarquia da Gestão Integrada de Resíduos Sólidos (ISWM).

O Plano de Gestão de RSU engloba o reforço institucional, o desenvolvimento de recursos humanos, a criação de capacidades técnicas, a capacidade e as disposições financeiras (quadro de PPP), a participação da comunidade, o quadro jurídico e o mecanismo de aplicação e de resolução de queixas/queixas do público. O plano de gestão de resíduos sólidos urbanos deve considerar períodos de planeamento a curto prazo (5 anos) e a longo prazo (20-25 anos). O plano deve ser revisto e atualizado a cada 2-3 anos. As autoridades locais devem garantir que o plano a curto prazo está alinhado com o planeamento e a implementação a longo prazo.

Uma avaliação rápida da situação atual da gestão de resíduos sólidos nas divisões da cidade permite aos ULBs identificar os principais padrões de comportamento da comunidade que podem ajudar ou impedir a implementação do plano. A campanha de comunicação deve procurar mudar as práticas indesejáveis e reforçar os hábitos complementares.

O reforço e a clarificação dos papéis dos principais actores dentro e fora da ULB devem ser um resultado fundamental de um plano de comunicação.

PRINCIPAIS ETAPAS DA GESTÃO DOS RESÍDUOS SÓLIDOS.

PRODUÇÃO DE RESÍDUOS SÓLIDOS

Geralmente, a produção de resíduos sólidos é a fase em que os materiais se tornaram sem valor para os proprietários e, uma vez que não têm uso para eles, não precisam mais deles e, portanto, têm o desejo de se desfazer deles.

No entanto, deve ter-se em atenção que os componentes aparentemente inúteis para alguns indivíduos não são necessariamente inúteis para outros. Por exemplo, as latas podem ser consideradas lixo para os idosos, mas podem ser muito procuradas por crianças pequenas.

Responsabilidade do proprietário

Todos os proprietários ou ocupantes de habitações ou estabelecimentos comerciais são responsáveis pelos resíduos produzidos nesses locais até que estes sejam recolhidos pelo conselho, pelos seus agentes nomeados ou por operadores licenciados pelo conselho. Todo o proprietário ou ocupante de qualquer instalação, estabelecimento comercial ou indústria é responsável pelas condições sanitárias das suas instalações, estabelecimento comercial ou indústria e pela colocação adequada para recolha de todos os resíduos sólidos.

Colocação proibida

Ninguém deve colocar, depositar ou permitir que quaisquer resíduos sólidos sejam colocados ou depositados nas suas instalações ou em propriedade privada, numa via pública, na berma de uma estrada ou numa vala, rio, ribeiro, lago, lagoa, canal, canal, parque, ravina, ravina, escavação ou outro local onde possam ser ou tornar-se um incómodo para a saúde pública.

Ninguém pode, exceto com autorização ou consentimento do conselho, remover, recolher ou limpar quaisquer resíduos sólidos depositados num contentor. Isto facilita o trabalho das autoridades que devem efetuar a recolha.

A armazenagem como componente da gestão de resíduos sólidos

O armazenamento de resíduos sólidos é uma forma de manter temporariamente os materiais depois de terem sido deitados fora, antes da recolha e da eliminação final. Quando os sistemas de eliminação no local são implementados, por exemplo, quando as pessoas deitam os objectos diretamente nas fossas familiares, o armazenamento pode não ser necessário. Em situações de emergência, especialmente nas fases iniciais, é provável que a população afetada se desfaça dos resíduos domésticos nas lixeiras mal definidas perto das áreas de habitação. Se for esta a ameaça, devem ser disponibilizadas rapidamente instalações de eliminação ou de armazenamento melhoradas e estas devem estar localizadas onde as pessoas as possam utilizar facilmente.

Figura 4: triagem de resíduos sólidos no aterro de Kitezi

i) Pequenos contentores. Estes incluem recipientes domésticos, caixotes de plástico, etc.

ii) Contentores de grandes dimensões. Trata-se, nomeadamente, dos caixotes do lixo comuns e dos bidões de óleo.

iii) Fossos rasos

iv) Depósitos colectivos. Estes são os sistemas mais simples de gestão de resíduos sólidos, em que o consumidor elimina diretamente os resíduos. O objetivo recomendado a longo prazo é de seis metros cúbicos por cada cinquenta pessoas. Devem ser áreas muradas ou vedadas, basicamente para evitar que as crianças pequenas caiam lá dentro e, em geral, não devem estar a mais de 100 metros de distância das áreas que se destinam a servir. Os resíduos devem ser cobertos, pelo menos semanalmente, com uma fina camada de terra, de modo a minimizar as moscas e outras pragas. Um dos méritos destes depósitos colectivos é o facto de serem fáceis de implementar e exigirem pouca operação e manutenção.

Ao determinar a dimensão, a quantidade e a distribuição das instalações de armazenamento, há que ter em conta o número de utilizadores, o tipo de resíduos e a distância máxima a pé. A frequência do esvaziamento também deve ser considerada e devem ser adoptadas medidas para garantir que as instalações sejam zelosamente protegidas contra o vandalismo.

A lei do KCCA insta a que qualquer pessoa que guarde resíduos sólidos de outra forma que não a prescrita pelo decreto cometa uma infração. A lei continua a referir que os resíduos sólidos devem ser mantidos e armazenados de forma a não serem facilmente espalhados ou soprados pelo vento e, sempre que possível, em contentores duráveis ou caixotes do lixo.

As pessoas responsáveis por qualquer habitação, estabelecimento comercial ou outras instalações onde se acumulem resíduos devem também garantir a existência de um número suficiente de caixotes do lixo ou contentores aprovados e adequados para receber e armazenar os resíduos nas instalações.

Confinamento de resíduos sólidos comerciais

Os presumíveis responsáveis da cidade devem disponibilizar caixotes do lixo, latas ou sacos para o armazenamento dos resíduos sólidos comerciais acumulados nas suas instalações.

Todos os estabelecimentos comerciais, institucionais e industriais em que a quantidade de resíduos sólidos acumulados não possa ser convenientemente armazenada em caixotes do lixo, latas ou sacos devem dispor de locais alternativos para a contenção dos resíduos, tais como aterros que possam receber resíduos volumosos em toneladas.

Os contentores de resíduos sólidos devem cumprir as seguintes normas para um desempenho eficaz do seu objetivo.

i)   Os contentores de resíduos sólidos devem ser construídos com materiais duradouros, não absorventes e não combustíveis, e ter tampas estanques adequadas.

ii)   Os contentores devem ser mantidos tapados, exceto quando estão a ser carregados ou esvaziados.

iii)   Os caixotes do lixo e os contentores de resíduos sólidos devem ser mantidos em condições sanitárias.

iv)   Os contentores devem ser armazenados ou mantidos de forma a não constituírem um incómodo ou um perigo para a saúde.

De referir que, para efeitos de eficácia dos contentores, todos os contentores de resíduos sólidos disponibilizados pelos ocupantes de instalações, estabelecimentos comerciais ou industriais ficam sujeitos à aprovação da Câmara Municipal.

Proibição de depósito em contentor

Os resíduos sólidos gerados por estabelecimentos comerciais, institucionais e industriais não devem ser depositados ou eliminados num contentor, exceto se o município prestar serviços de eliminação ao estabelecimento.

Requisitos de marcação a tinta para contentores

Os contentores de resíduos sólidos colocados à disposição do público por um titular de uma autorização concedida ao abrigo do decreto KCCA devem ser marcados de forma legível e duradoura com o nome e o endereço do titular da autorização, o que permite acompanhar e fazer cumprir a utilização correcta pelos titulares, conforme exigido, e ser tratados de modo a evitar parasitas e outros incómodos para o público.

Proibição de incêndios nos centros de recolha de lixo

As pessoas não devem acender o fogo num contentor e as cinzas depositadas no contentor devem ser humedecidas com água para apagar as brasas vivas. Isto deve-se ao facto de alguns resíduos sólidos inflamáveis poderem ser misturados nos resíduos e provocar uma propagação generalizada do incêndio, causando danos maciços em propriedades e vidas na vizinhança.

O conselho deve, através dos seus agentes, funcionários ou colectores licenciados, garantir que os resíduos sólidos na cidade sejam recolhidos e encaminhados para centros de tratamento ou locais de eliminação aprovados, na medida do necessário para satisfazer os requisitos de saúde pública e de conservação ambiental, e tal como previsto na Lei KCCA.

Separação dos resíduos sólidos na fonte

O conselho deve assegurar que a separação dos resíduos sólidos na fonte de produção seja efectuada pela pessoa responsável.

O conselho deve determinar as taxas de recolha e eliminação final dos resíduos sólidos em função das situações económicas prevalecentes e da quantidade de resíduos disponíveis para recolha

As taxas determinadas devem ser pagas pela parte responsável ao conselho ou aos colectores autorizados de resíduos sólidos e estas taxas prescritas devem ser anuais ou periódicas e devem ser fixadas num montante que cubra os custos de recolha, armazenamento e eliminação.

O que é que deve ser ofensivo?

Uma pessoa não autorizada pela KCCA a remover, recolher ou perturbar resíduos em contentores, ou a remover resíduos de um contentor. Isto porque as intenções de um coletor não identificado podem não ser claras dentro dos limites da lei, uma vez que uma pessoa pode recolher esses resíduos e despejá-los num local muito limpo da cidade a qualquer hora do dia ou da noite.

É ofensivo para qualquer pessoa transportar ou fazer transportar em qualquer rua pública, via pública ou beco da cidade, qualquer resíduo, a menos que esse resíduo esteja num veículo ou recipiente construído ou coberto de forma a impedir que o conteúdo caia, vaze ou derrame e a impedir qualquer odor desagradável proveniente do resíduo.

Para além do conselho ou dos transportadores de resíduos sólidos autorizados a recolher e eliminar os resíduos sólidos

Utilizar um contentor fornecido pelo município para um fim diferente daquele a que se destina

Espalhar ou deitar lixo em qualquer propriedade privada ou pública

Recolher, transportar, remover ou eliminar resíduos mediante pagamento de uma taxa ou outra contrapartida sem uma autorização válida do conselho.

Frequência da recolha e colocação dos resíduos sólidos cópia dos requisitos que regem a sua armazenagem e recolha

A frequência da recolha de resíduos sólidos deve estar de acordo com os regulamentos da agência de recolha, mas deve ser suficientemente regular para não causar incómodos à saúde pública.

Todos os resíduos sólidos devem ser colocados nas instalações para recolha conveniente, tal como designado pelo conselho.

A agência de recolha deve fornecer a cada responsável de um agregado familiar ou de um estabelecimento comercial ou institucional servido pela agência uma cópia dos requisitos que regem a armazenagem e a recolha de resíduos sólidos, que devem incluir, pelo menos, o seguinte;

Dias de recolha programados;

Locais a servir

Locais a não servir

Materiais não aceitáveis para recolha

Preparação dos resíduos para a recolha

Tipos e tamanhos de contentores permitidos

Pontos a partir dos quais será efectuada a recolha

Métodos de recolha

Exceto nos casos previstos no decreto relativo aos resíduos, o sistema mecânico de recolha de resíduos sólidos é o único sistema de recolha de resíduos a ser fornecido aos residentes do distrito pelo conselho.

Se, devido a condições adversas ou outras, for impraticável a utilização dos veículos de recolha do município, este pode substituir-se a outro sistema ou exigir que os residentes recorram a serviços de recolha privados.

Os residentes podem celebrar contratos com colectores privados

Os habitantes que não desejem utilizar o sistema de recolha de resíduos do município podem contratar um serviço de recolha de resíduos junto de empresas privadas autorizadas.

Remoção de contentores

Só o município pode retirar um contentor do local que lhe foi atribuído. É proibido a qualquer pessoa retirar um contentor do endereço que lhe foi atribuído.

A autoridade da cidade tem de envidar mais esforços para que os êxitos possam ser reconhecidos nos vários domínios da administração pública. Atualmente, Kampala regista pelo menos uma melhoria significativa na gestão dos resíduos, um maior cumprimento das leis, especialmente no que se refere à ordem comercial e à saúde pública, uma melhoria no sistema de drenagem, limpezas regulares dos canais de drenagem bloqueados por resíduos sólidos e sedimentos. No entanto, muito tem de ser feito ao longo do canal de drenagem de Nakivubo, de modo a impedir a inundação contínua dos locais da baixa da cidade ao longo do canal durante os dias de chuva absoluta.

Figura 5: Rua inundada na aldeia de Container ao longo do canal de drenagem de Nakivubo

CAPÍTULO 5. TRANSPORTE DE RESÍDUOS SÓLIDOS

Veículos

Os veículos utilizados na recolha e transporte de resíduos devem ter carroçarias metálicas seguras e fáceis de construir, devem ser limpos e descontaminados frequentemente para evitar que se tornem um perigo para a saúde pública e devem ser mantidos em boas condições mecânicas e de reparação.

Os veículos devem ser carregados e movimentados de modo a que os conteúdos não fiquem expostos e não caiam, não se derramem nem se derramem; se ocorrerem derrames, estes devem ser imediatamente removidos pelo titular de uma licença ou pelo transportador de forma higiénica.

Todos os veículos que circulem ao abrigo de uma licença devem ter o número da licença claramente inscrito nos painéis laterais das portas e na face traseira do veículo, em letras ou algarismos de seis centímetros, ou em ambos, tal como previsto na lei KCCA.

O conselho é obrigado a aprovar todos os veículos envolvidos na atividade de recolha, transporte e eliminação de resíduos sólidos.

Todos os resíduos devem ser transportados num veículo fechado ou coberto de forma adequada e segura para evitar que sejam arrastados pelo vento ou caiam do veículo.

Os transportadores devem seguir os itinerários programados. Os veículos de transporte de resíduos ou outros meios de transporte de resíduos devem seguir o itinerário programado aprovado desde o ponto de recolha até ao local ou instalação de eliminação.

CAPÍTULO 6. PERSPECTIVA INTERNACIONAL.

Nairobi-Quénia

A cidade de Nairobi é a capital política e administrativa da República do Quénia e é a maior área metropolitana da África Oriental. [thth]Foi fundada em 1895. A ocorrência de um clima propício ao crescimento de alimentos de crescimento rápido, como frutas e legumes, a abundância de água doce e a ausência de malária promoveram a rápida colonização pelos europeus durante o final do século XIX e início do século XX, tendo-lhe sido atribuído o estatuto de "cidade" em 1950. A localização estratégica da cidade tornou-a num importante centro regional de comércio, indústria, turismo, educação e comunicação.

Nairobi acolhe a sede de dois programas globais das Nações Unidas, nomeadamente o Programa das Nações Unidas para o Ambiente (PNUA) e o Programa das Nações Unidas para os Assentamentos Humanos (UN-Habitat), para além de muitas organizações e missões internacionais.

Nairobi ocupa uma área de 696 km^2 , tem uma população de 4 milhões de habitantes (incluindo a população diurna adicional), uma densidade populacional de 5.746 pessoas/km e uma taxa de crescimento populacional anual de 4-5%, uma das taxas de crescimento populacional mais elevadas do mundo.

Este facto conduziu, consequentemente, a um aumento da produção, numa tentativa de satisfazer as necessidades da população. Isto vem a calhar com as pequenas unidades de produção que ainda utilizam tecnologia elementar que tem menos sofisticação para tratar os resíduos antes de serem descarregados em cursos de água naturais dentro e à volta da cidade. Isto polui a água, altera a sua cor normal e torna o custo do seu tratamento muito caro.

A partir de uma experiência pessoal em "**Kirinyaga**", uma das zonas baixas de Nairobi, a gestão dos resíduos sólidos e das águas residuais não correspondia aos padrões da cidade, como acontece na maioria dos subúrbios de Kampala.

A maioria dos pontos de recolha de resíduos sólidos estava em estado de ruína. Numa entrevista exclusiva com um dos residentes, ele disse que a maior concentração é colocada no centro da cidade e os arredores são negligenciados, o que é uma experiência semelhante em Kampala.

Nalguns casos, há também laxismo e falta de preocupação por parte do público em geral. Por exemplo, algumas pessoas foram vistas a urinar no ribeiro, enquanto outras tomavam banho no próprio ribeiro e, segundo consta, a mesma água é utilizada por algumas pessoas para uso doméstico.

Considera-se que a sensibilização para a gestão dos resíduos é inadequada, o que está diretamente relacionado com a sua má gestão e com a deterioração das condições de saúde humana das pessoas que vivem nos locais onde a gestão é demasiado deficiente.

Nairobi é considerada uma cidade onde, nas últimas duas décadas, o sector privado assumiu a liderança na recolha de resíduos e nas iniciativas de recuperação de materiais. O bem sucedido sector privado de recolha de resíduos é constituído por mais de 100 empresas, organizações de base comunitária (OBC), micro e pequenas empresas.

A gestão dos resíduos sólidos em Nairobi é um problema de saúde pública que afecta os decisores políticos, os cidadãos e outros actores da cidade. Os montes de lixo persistentemente acumulados, que consequentemente provocaram um clamor público, resultaram em diversas acções por parte dos actores do sector público, das sociedades civis e do sector privado, no sentido de prestar serviços adequados de recolha de resíduos. A modernização ainda não deu um passo maior em termos de avanço na eliminação de resíduos, mas pelo menos foi evidenciada nas fases iniciais e acredita-se que, num futuro próximo, será bem sucedida.

As organizações de base comunitária (OBC) estão registadas para recolher resíduos, materiais recicláveis e compostáveis. A autoridade da cidade tem-se concentrado no desenvolvimento de políticas e noutras iniciativas impulsionadas por doadores. Ultimamente, a Câmara Municipal de Nairobi (CCN) publicou um documento de política sobre o envolvimento do sector privado na gestão de resíduos sólidos (SWM) para definir uma abordagem sistemática e também forneceu uma estrutura de funcionamento. O quadro político formulado em 2002 para promover as actividades privadas de não-estatais no domínio da compostagem e da reciclagem contribuiu efetivamente para reduzir as despesas da autoridade, uma vez que esta apenas se desloca ao terreno para supervisionar o que o sector privado tentou fazer.

Reconhecendo os bons trabalhos do sector privado na recolha de resíduos na cidade de Nairobi, o CCN instituiu um processo de registo formal para os colectores em 2006. Este facto contribuiu tremendamente para travar a ameaça da deficiente eliminação de resíduos sólidos e de águas residuais na cidade.

Seguindo a bem-sucedida inventividade privada numa atitude de economia de livre iniciativa, os organismos públicos estão a trabalhar de perto em relação à eliminação e reciclagem de resíduos. Nos quase 20 anos de modernização dos resíduos sólidos, desde que algumas agências internacionais iniciaram o seu plano de gestão de resíduos, o CCN, que é responsável pela eliminação, ainda não entrou na hierarquia de atualização da eliminação. Como resultado, o CCN depende exclusivamente do local de despejo de Dandora, situado numa antiga pedreira que fica a cerca de 25 km a leste do centro da cidade, para a eliminação descontrolada dos resíduos urbanos.

A recuperação de materiais ocorre em todas as fases do fluxo de resíduos através da cidade, mas mais amplamente por mais de 500 recolhedores que vivem na lixeira de Dandora, com alguns provenientes dos subúrbios vizinhos. Os principais objectos de importância são o papel, os têxteis, o vidro, os metais e os ossos. A reciclagem tem ajudado a proporcionar emprego formal e informal e um meio de subsistência a muitos recicladores informais e comerciantes de produtos reciclados. Este facto reduziu os custos de gestão de resíduos da CCN e, a longo prazo, a pressão exercida sobre o governo devido ao desemprego. Surgiram algumas grandes empresas, como a Digital pipeline Africa e a Chandariapaper mill, e uma grande base industrial, combinada com muitas relações comerciais com a potência regional África do Sul, os mercados de recicláveis em Nairobi são melhores do que na maioria dos outros países da África Oriental. Alguns estudos demonstram que 20% dos resíduos domésticos produzidos são recuperados por catadores informais ou funcionários da CCN.

O CCN tende a subestimar a recuperação e a reciclagem informais, dificultando a formalização e a integração das actividades informais de reciclagem de resíduos no sistema formal de gestão de resíduos sólidos. No entanto, esta é uma questão menor que pode ser tratada administrativamente para que o ritmo estabelecido seja mantido e melhorado para níveis mais elevados.

Nairobi apresenta uma cobertura de recolha eficiente de 60% a 70%, com praticamente 100% no distrito comercial central e, em geral, 54% dos resíduos produzidos são recolhidos e registados, o que constitui uma conquista para o sector privado dos resíduos.

Esta pode ser uma grande experiência de aprendizagem para a minha cidade de Kampala, para que esta adopte tais iniciativas e melhore o sistema de recolha de resíduos. As áreas não melhoradas em Kampala podem ser pensadas pelos directores do KCCA e por outros implementadores nas suas várias capacidades, tal como discutido aqui para o caso de Nairobi, e a execução pode ser feita através de qualquer uma das vias e organizações partilhadas.

Kigali-Rwanda

Factos básicos

Kigali é a maior e mais desenvolvida cidade do Ruanda, que é um dos países mais pequenos do mundo. A sua taxa de crescimento demográfico de cerca de 3,5% é igualmente rápida, tal como a de outros países vizinhos dos grandes lagos, e existe uma pressão da imigração e do crescimento dos aglomerados urbanos.

Topograficamente, Kigali situa-se sobretudo num terreno acidentado. No entanto, algumas pequenas secções da cidade têm declives suaves à medida que se desce dos planaltos da zona; no entanto, não existe, em geral, uma diversidade paisagística significativa.

As políticas nacionais de ambiente elaboradas pelo Ministério do Ambiente do Ruanda que estão em vigor consideram a gestão eficiente dos resíduos como parte dos mecanismos de proteção ambiental e de controlo da poluição, mas com uma abordagem mínima dos resíduos sólidos, das águas residuais e dos resíduos electrónicos.

A gestão em Kigali continua a concentrar-se na proteção da saúde pública em geral. Para a maior parte das instalações de produção de resíduos, o aspeto da saúde pública e do bem-estar geral dos cidadãos é mais persuasivo do que o aspeto ambiental, o que se torna evidente durante as estações chuvosas, quando a maior parte dos locais, em especial as zonas semi-urbanas sobrepovoadas e densamente povoadas, com estruturas e instalações de tratamento de resíduos muito deficientes, registam a eclosão de epidemias como a febre tifoide e a cólera devido à contaminação da água pelos resíduos sólidos e pelas águas residuais Leachet.

O financiamento da gestão dos resíduos sólidos está geralmente limitado ao governo central e às autoridades municipais, com uma participação mínima do sector privado.

Kigali é uma cidade que decidiu conceber e gerir com entusiasmo um mecanismo de recolha misto. O mecanismo duplo de recolha de resíduos baseia-se na gestão e monitorização pela cidade de um sistema regional monopolista produzido em massa para a demografia de bairros únicos. Todos os operadores são responsáveis pela comercialização dos serviços, cobrança de taxas, implementação da recolha e cumprimento dos objectivos. Os operadores formalizados do sector privado recolhem os resíduos porta a porta ou fornecem contentores de lixo de grandes dimensões para os grandes geradores, como as pequenas unidades de produção agrícola ou os conjuntos habitacionais nas áreas planeadas. A recolha primária de resíduos através de contratos com organizações de base comunitária (OBC), com base em estudos de área da Organização Internacional do Trabalho (OIT), é a principal estratégia de cobertura nos subúrbios da cidade. A Câmara Municipal organiza a varredura das ruas de forma diferente, com empreiteiros de desempenho e o público em geral.

No entanto, em Kigali, há uma preocupação geral do público, que eu próprio testemunhei, de que não se pode simplesmente deitar fora quaisquer resíduos, tais como sacos de polietileno, restos de comida, em locais onde não é suposto serem deitados fora, porque isso viola as regras gerais de associação de acordo com a sociedade estabelecida.

Numa interação próxima com um dos residentes de **"Nyabugogo"**, um dos subúrbios de Kigali, foi-me dito que é criminoso, perante toda a gente, despejar lixo em qualquer lugar que se encontre. Esse homem gentil disse-me que até o pessoal não governamental pode ter a obrigação de prender quem quer que faça isso à vista do público, porque é uma indicação clara de falta de nacionalismo e de amor por uma nação mais limpa.

Este tipo de mentalidade desafiou-me e só me restou desejar e ansiar pelo dia em que esse espírito possa chegar aos meus compatriotas desta nação dotada do Uganda. Os parceiros cooperantes tendem a obter fundos adicionais para atenuar a propagação da cólera através da limpeza regular dos resíduos não recolhidos nas comunidades.

BUJUMBURA-BURUNDI

Factos básicos

Bujumbura é a capital e a cidade administrativa do Burundi. O Burundi é um país sem litoral situado na África Oriental e tem uma superfície de 27.834 quilómetros quadrados (km^2). O país tem planícies de relevo variável ao longo do Lago Tanganica (altitude: 773m), pico do Congo-Nilo (altitude: 2.670m), planaltos centrais (altitude: 1.800m), depressões leste e norte (altitude: 1200-1400 m). Climaticamente, o Burundi é um país tropical, moderado pela altitude, com uma temperatura média anual de 23°C nas planícies e de 16°C no pico do Nilo Congo.

Demograficamente, o Burundi é um dos países com maior densidade populacional em África, com elevadas taxas de pobreza e maior prevalência de doenças. A população é de cerca de 9.000.000 de habitantes, com uma densidade de 350 habitantes por quilómetro quadrado (km2) e uma taxa de crescimento anual de 3%, uma das maiores taxas de crescimento em África.

Bujumbura está localizada na parte nordeste do Lago Tanganica, com uma altitude média de 800m, e tem uma população de cerca de 650.000 habitantes. A maior parte dos resíduos sólidos é composta por materiais venenosos e ácidos, tais como plástico, borracha, metal, resíduos têxteis, resíduos animais, erva e está misturada com fontes de água que são os influxos do Lago Tanganica, de onde é retirada toda a água potável de Bujumbura. Acredita-se que a grande quantidade de resíduos sólidos encontrada na cidade seja o gerador de problemas de saúde e ambientais na cidade, no que diz respeito à gestão.

Como consequência das situações acima referidas, a quantidade de resíduos sólidos aumenta rapidamente e coloca muitos desafios sanitários e ambientais em Bujumbura, a capital do Burundi, onde vive mais de 7% da população do país.

A gestão dos resíduos sólidos nos subúrbios de Bujumbura não está à altura das normas devido à falta de um plano urbano devidamente planeado e atualizado, tendo em conta o aumento constante da população. Nenhuma das divisões dispõe de um sistema adequado de gestão de resíduos sólidos. Existe um procedimento planeado e anulado desde a recolha de resíduos até à sua eliminação. O resultado de tudo isto são esgotos entupidos e lagoas poluídas que são um terreno fértil para mosquitos e moscas. Estes resíduos constituem uma séria ameaça para a saúde pública e alargaram o número de doenças potencialmente mortais, como a malária e a cólera, sobretudo entre as crianças. As divisões também não dispõem de unidades de eliminação de resíduos sólidos; as águas residuais não recolhidas são canalizadas através de terrenos abertos, povoações, terras agrícolas e acabam por desaguar em águas limpas.

Os habitantes de Bujumbura não dispõem de recursos financeiros suficientes e, por conseguinte, não podem pagar as instalações normais de recolha de resíduos

O sector da gestão dos resíduos sólidos desenvolve-se em três fases:

Estado de residência

Esta fase é da responsabilidade dos agregados familiares que devem manter os seus resíduos sólidos dentro das suas vedações à espera da sua recolha. O acondicionamento no domicílio é feito de forma não higiénica porque os resíduos não são depositados em cestos ou sacos fechados. Como a recolha é feita uma vez por semana, os resíduos começam a fermentar, atraindo moscas e outros animais nocivos que acabam por libertar maus cheiros e espalhar doenças.

A recolha de resíduos

O sistema de recolha é porta a porta e é efectuado por associações privadas e microempresas que são remuneradas pelos agregados familiares com um preço acordado entre as duas partes. Trata-se de uma recolha a céu aberto, em que os resíduos são depositados em cestos ou sacos, mesmo no chão, à frente das portas das casas ou das vedações.

Despejo

Os resíduos recolhidos são encaminhados para uma lixeira não ajardinada. Trata-se de um terreno argiloso e pantanoso onde os resíduos são depositados a granel. Os resíduos não são objeto de qualquer tratamento. Também é frequente encontrar depósitos selvagens de resíduos pela cidade, principalmente em torno dos mercados e de outros equipamentos comunitários.

O público toma consciência da importância da recolha de resíduos sólidos e alguns pagam as taxas relativas aos serviços de recolha de resíduos, mas a maioria dos burundianos não tem consciência dos incómodos gerados por resíduos mal tratados. O seu desejo é de natureza estética porque a grande preocupação está especialmente relacionada com os depósitos selvagens disseminados pela cidade.

Bem, a minha estadia de alguns dias no local deixou-me a pensar se existiriam aterros sanitários concebidos, uma vez que há também muitos relatos de descargas ilegais em esgotos, pedreiras e locais abertos. Estava lá em tempos de turbulência política e os movimentos eram muito limitados devido ao medo em que vivia. Apesar disso, poupei algumas horas diárias durante a minha estadia de três dias e tentei avaliar o saneamento da zona. Só posso dizer que tudo estava desarrumado e que as instalações destinadas ao tratamento de resíduos sólidos estavam demasiado deterioradas e que os canos de transporte de águas residuais estavam bloqueados. Isto foi evidenciado por escoamentos em locais onde menos se esperaria.

"Além disso, de forma algo invulgar para um país de baixos rendimentos, as lixeiras controladas foram negligenciadas devido à falta de fundos para as facilitar", exclamou o operador de táxi da cidade

Mas, em última análise, em todas as sociedades, há sempre uma experiência inspiradora, por mais difícil que seja a situação na zona. Todos os sábados, há um serviço comunitário em que todos os habitantes da cidade pegam nas suas vassouras e pás para limpar a cidade. Isto foi sucedido por uma corrida como forma de manter a sociedade a defender o valor da limpeza e da estabilidade, apesar das difíceis situações políticas e económicas que enfrentavam na altura.

Ao perguntar por que razão os autoritários escolheram este mecanismo de funcionamento, o operador de táxi com quem me desloquei disse-me que não havia orçamento para contratar empresas privadas ou mesmo para empregar diretamente o governo, através das autoridades municipais, para fazer esse trabalho, que era menos financiado.

A melhor lição aprendida é que o KCCA pode adotar melhores práticas de manuseamento e gestão de resíduos em Kampala através da organização de corridas públicas, palestras públicas ocasionais, pois isso ajudaria a transmitir o sentimento de pertença aos nativos.

BEIJING-CHINA

Nunca nenhum país registou um aumento tão grande ou tão rápido das quantidades de resíduos sólidos como a China está a enfrentar atualmente. Em 2004, a China ultrapassou os Estados Unidos como o maior gerador de resíduos do mundo, e acredita-se que até 2030 as quantidades anuais de resíduos sólidos da China aumentarão mais 150% - passando de cerca de 190 000 000 toneladas em 2004 para mais de 480 000 000 toneladas em 2030.

Os impactos sociais, financeiros e ambientais deste fluxo crescente de resíduos são significativos. Todos os aspectos do sistema de gestão de resíduos da China estão a ser objeto de mudanças profundas à medida que o governo tenta responder ao desafio.

Apesar do aumento exponencial da produção de resíduos, a China subiu na "hierarquia da gestão de resíduos" através da promoção da minimização, reutilização e reciclagem de resíduos, antes de se adoptarem outros métodos de eliminação de resíduos. No entanto, mesmo com actividades agressivas de desvio de resíduos, as futuras necessidades de eliminação de resíduos da China são gigantescas. Por exemplo, as cidades chinesas terão de desenvolver mais 1400 aterros sanitários até 2035.

Este livro procura compreender o que se passa no resto do mundo, de modo a encontrar soluções duradouras para a ameaça dos resíduos em Kampala. As discussões sobre os resíduos sólidos urbanos da China foram apresentadas e actualizadas com projecções relativamente precisas das quantidades e composição dos resíduos urbanos. As principais tendências são documentadas e são propostas possíveis respostas. É claro que isto, seguido de uma visita ao terreno para avaliar e inquirir sobre o que realmente acontece no terreno, constitui a melhor base para a análise.

A informação científica que contribui para o diálogo sobre os resíduos sólidos urbanos na China, de acordo com este livro, os vários relatórios aqui fornecidos sobre a China reflectem em parte o contexto geral do sector e apresentam o conhecimento atual do Banco Mundial sobre as tendências de produção de resíduos na capital Pequim, em particular. Na história, não há nenhum país que tenha registado um aumento tão grande ou tão rápido na produção de resíduos como a China na última década, cuja gestão tenha suscitado grande insinuação a nível nacional e internacional.

Com base nos actuais planos para os resíduos sólidos, é muito provável que a China venha a enfrentar um aumento do seu orçamento para a gestão de resíduos a nível nacional até 2020 (passando dos actuais 30 mil milhões de RMB para cerca de 230 mil milhões de RMB). A necessidade de aumentar os orçamentos será mais grave nas cidades mais pequenas, com uma população inferior a 1 000 000 de pessoas.

Nos últimos dez anos, foram introduzidas melhorias significativas no sector da gestão de resíduos. Por exemplo, as grandes cidades, como Pequim, estão a avançar agressivamente para instalações de operações sanitárias, a maioria das quais nem sempre cumpre as normas de conceção, em especial no que se refere ao controlo da poluição, e as operações das instalações são deficientes, não sendo muitas vezes racionalizadas as operações de recolha de resíduos.

Financiamento do carbono: Cada vez mais importante no sector chinês dos RSU. Prevê-se que Pequim gere anualmente muito dinheiro com a venda de reduções de emissões de carbono, resultantes da recuperação de gás de aterro, compostagem, reciclagem e digestão anaeróbia.

Ao dar um passo no sentido de encorajar a cidade a atuar como cidade **modelo** para introduzir modelos sustentáveis replicáveis para toda a China, uma vez que é a capital do país. O modelo foi orientado para prosseguir agressivamente estratégias de minimização de resíduos, gerar dados credíveis e abrangentes sobre a gestão de resíduos (especialmente custos e quantidades) e servir como "centros de excelência" para tecnologias, políticas e formação em matéria de gestão de resíduos na capital. Os modelos devem proporcionar um local para desenvolver planos de gestão a longo prazo, ou seja, para mais de 20 anos.

A China subiu na hierarquia da gestão de resíduos, conseguindo mais, reutilização, reciclagem e recuperação (compostagem e digestão), minimizando assim a quantidade de resíduos que precisam de ser eliminados.

A minimização dos resíduos é uma das principais prioridades do planeamento dos RSU na China. Especialmente no caso da fração orgânica do fluxo de resíduos, que se estima ser mais de 50% do fluxo total de resíduos no futuro previsível, e do papel, que é provavelmente o componente de crescimento mais rápido no fluxo de resíduos.

Os resíduos de embalagens também devem ser visados, uma vez que representam uma grande fração do aumento do volume de resíduos.

Foram adoptadas políticas nacionais coerentes sobre a legislação relativa aos resíduos sólidos urbanos. Isto incentivou, consequentemente, a coordenação interjurisdicional e inter-agências e facilitou a aplicação de instrumentos económicos para melhorar a gestão dos resíduos.

É necessária uma abordagem integrada e sustentável da gestão de resíduos com o objetivo a longo prazo da segregação de resíduos. Esta abordagem envolve as principais partes interessadas no processo de planeamento e de tomada de decisões e adopta uma visão holística de todo o sistema de gestão de resíduos, incluindo a minimização, recolha, transferência, tratamento, reciclagem, recuperação de recursos e eliminação de resíduos. Os critérios importantes de planeamento e decisão incluem: social, cultural, ambiental, institucional, financeiro e técnico.

O sector da reciclagem foi melhorado através de uma maior profissionalização, de normas de produto avançadas, do desenvolvimento do mercado e de melhores normas de funcionamento.

Sendo a China um país altamente desenvolvido do ponto de vista económico e tecnológico, implementa facilmente os mecanismos sugeridos, ao contrário do Uganda, uma nação em desenvolvimento. Os casos de responsabilidade civil ambiental nos tribunais chineses analisam regras e doutrinas não convencionais e os estatutos ambientais foram criados para lidar com a contaminação resultante dos derrames de resíduos.

Disposições institucionais: a descentralização inadequada dos serviços de recolha e transferência, a capacidade municipal inadequada para o planeamento tecnológico e o envolvimento do sector privado, a falta de clareza nos mandatos entre as agências governamentais, por exemplo, MOC e SEPA, e a delimitação inadequada entre as responsabilidades do governo central e local também foram tremendamente abordadas. Este tipo de acordo pode ser uma experiência que vale a pena aprender com as autoridades municipais, que ainda têm muitas lacunas nos seus sistemas administrativos. O rigor e a fiabilidade das convenções estabelecidas pelo governo, com a ajuda da sociedade civil e do público em geral, estão a desempenhar um papel crucial na redução dos desafios decorrentes da má gestão dos resíduos na cidade de Pequim e em todo o país.

Participação do sector privado: O objetivo do governo de aumentar a participação do sector privado nos serviços de resíduos sólidos, que no passado tinha sido dificultado por "regras de compromisso" pouco claras e inconsistentes, práticas de compra não transparentes, subsídios não sustentáveis, fluxos de caixa municipais inadequados, práticas de contabilidade de custos pouco claras e inconsistentes e um quadro regulamentar pouco claro, tem sido abordado ultimamente. Esta pode ser uma grande lição para Kampala aprender com ela e as autoridades devem também ser instadas a ajudar as organizações da sociedade civil e o público em geral a evitar tecnicamente a deterioração da situação no domínio da gestão de resíduos.

Figura 6: Triagem de resíduos sólidos em frente ao hotel Shiyuan, na zona central de negócios de Pequim

PARIS-FRANÇA

Paris é uma cidade que se encontra na região metropolitana de Ile-de-France, em França. Localiza-se a 48,85 de latitude e 2,35 de longitude e está situada a uma altitude de 42 metros acima do nível do mar. Paris tem uma população de 2.138.551 habitantes, sendo a maior cidade da Ilha de França. Funciona no fuso horário CEST.

Paris é a capital de França, o maior país da Europa Ocidental, com uma área total de 550 000 km2. A cidade combina a beleza deslumbrante do seu rico legado histórico com uma intensa atividade cultural, académica, científica, comercial e empresarial. A cidade é conhecida pelos seus monumentos, museus, restaurantes, moda e paisagem urbana. Os reis franceses, que governaram a França até 1848, deixaram muitos edifícios de grande beleza, como o palácio de Versalhes e o palácio do Louvre.

A Igreja Católica deixou um número incrível de grandes igrejas. Paris é a capital mundial das compras e da moda. Tudo isto faz dela um destino turístico único. Em média, 32,6 milhões de turistas visitam Paris e a região circundante da Ile de France, sendo 55% provenientes de França.

CLIMA

Paris tem Verões quentes e Invernos frios (embora raramente abaixo de zero ou com queda de neve). A pluviosidade é moderada durante todo o ano e é conhecida pelas suas chuvas repentinas. A queda de neve é rara. O tempo aqui é bastante imprevisível. A temperatura média anual ronda os 5 5 °F. Em agosto, pode atingir os 90 °F e em janeiro pode descer abaixo dos 30 °F. O céu está mais frequentemente nublado e é tão provável que chova em junho ou outubro como em fevereiro ou abril. A humidade raramente é elevada e a utilização de ar condicionado não é generalizada, embora esta situação esteja a mudar.

SOCIEDADE

Há muito que a cidade é um refúgio para artistas, músicos, pensadores e refugiados políticos. Por isso, Paris tem uma cultura muito própria. Os parisienses são culturalmente esclarecidos e têm uma visão única da vida. Os habitantes da cidade orgulham-se da sua cultura e do seu património; no entanto, o velho estereótipo de que os franceses são todos "snobs" já não se aplica aos dias de hoje. A expansão do inglês como língua universal ajudou a aumentar a aceitação dos viajantes. A cidade simplesmente transpira moda. É o centro incontestado da moda a nível mundial. Os parisienses dão o maior valor à moda e à boa mesa. A riqueza é gasta mais facilmente nas últimas modas. Os parisienses adoram as artes do espetáculo, incluindo o teatro, o ballet, a ópera e o cinema. Nos últimos anos, a música jazz tem vindo a ganhar grande popularidade. Deixe que a sua cultura única o inspire.

Cultura e tecnologia

O francês é a língua oficial e o inglês não é muito falado. No entanto, algumas pessoas falam um pouco de inglês e um curso intensivo de francês ou um livro de frases em francês será certamente útil. Num esforço para preservar a língua francesa, o governo francês aprovou uma série de leis desde 1975, proibindo palavras estrangeiras na publicidade, documentos oficiais, rádio, televisão, publicações científicas e reuniões. Em 1889, o mundo viu concluída a Torre Eiffel, que era suposto ser uma instalação temporária. Até à década de 1930, a Torre Eiffel continuou a ser o edifício mais alto do mundo, uma proeza da engenharia. Para além disso, em 1900, os parisienses solidificaram novamente a sua posição como centro de avanços tecnológicos ao inaugurarem o metro por baixo das ruas da cidade.

A reciclagem em Paris aumentou de 26 % dos RSU produzidos em 2001 para 35 % em 2010. Embora se trate de um feito extraordinário, são ainda necessários mais esforços para cumprir o objetivo da UE de 50% de reciclagem dos resíduos domésticos até 2020. O objetivo de 2016 para os resíduos urbanos biodegradáveis enviados para aterro foi cumprido em 2010.

Foi iniciado o escalonamento do imposto sobre aterros e incineração e a primeira Lei Grenelle estabeleceu objectivos nacionais quantitativos para a prevenção de resíduos, a reciclagem e o desvio de resíduos dos aterros. Objectivos baseados em dados históricos de RSU para cada país e objectivos da UE ligados aos RSU na Diretiva-Quadro "Resíduos", na Diretiva "Aterros" e na Diretiva "Embalagens", a análise realizada inclui: O desempenho histórico da gestão de RSU com base num conjunto de indicadores. Incertezas que podem explicar as diferenças entre os desempenhos dos países, que estão mais ligadas a diferenças entre o que os relatórios incluem do que a diferenças no desempenho da gestão, relação dos indicadores com as iniciativas mais importantes tomadas para melhorar a gestão dos RSU na cidade de Paris e avaliação das possíveis tendências futuras e consecução dos futuros objectivos da UE em matéria de RSU até 2020.

A França terá produzido 32 198 000 toneladas de RSU, em comparação com 34 535 000 em 2010. Isto corresponde a um aumento de 7 % durante este período. Numa base per capita, a produção de RSU variou entre 506 kg per capita (2003) e um máximo de 543 kg per capita (2007).

De 2007 a 2010, observou-se uma diminuição da produção de RSU per capita de 543 para 532 kg per capita, o que equivale a uma redução de 2 % durante este período de 3 anos (Figura 2.0). Figura 2.0 Produção de RSU per capita em França 0 100 200 300 400 500 600 700 800 2001 2002 2003 2004 2005 2006 2007 2008 2009 2010 Quilogramas de produção de RSU per capita em França para o período 2001-2010.

As estatísticas na Europa mostram que, em 2012, em França, o panorama da gestão de resíduos entre 1992 e 2007 foi regido pela lei implementada em 13 de julho de 1992. Os principais objectivos desta lei eram reduzir a produção de resíduos, minimizar a distância de transporte de resíduos, promover a recuperação de materiais ou de energia e proibir o aterro de resíduos não tratados ou de resíduos que não possam ser tratados. No entanto, esta legislação não incluía quaisquer objectivos quantitativos, exceto a proibição de deposição em aterro de resíduos não tratados, que tinha de ser aplicada até 1 de julho de 2002. A lei de 1992 também incluía a obrigação de os municípios elaborarem planos de gestão de resíduos (foram elaborados 98 planos) com objectivos específicos de recolha e de gestão de resíduos.

A análise destes planos de gestão de resíduos indica uma evolução da quota de gestão de resíduos entre 1998 e os objectivos planeados para 2010, em que a recolha selectiva e a recolha em centros de reciclagem foram planeadas para representar 30% de todos os RSU recolhidos e 16% no final da década de 90. A recuperação de materiais a partir de fontes orgânicas também foi planeada para aumentar para 17% nos últimos anos e 8% no final da década de 90.

Não foram previstas grandes alterações para a quota de incineração, 37% planeada para os últimos anos e 33% no final da década de 90. Por último, previa-se um grande declínio na deposição em aterro, com 8 % dos RSU recolhidos planeados para serem enviados para aterros e 30 % em 1998. Desde 2007, em França, foi desenvolvida uma nova política de gestão de resíduos e uma estratégia de gestão de resíduos com um processo pormenorizado de envolvimento das partes interessadas, conhecido como o processo "Grenelle Environnement", que debate uma vasta gama de questões ambientais, incluindo a gestão de resíduos.

Este processo de tomada de decisões no sistema regulamentar francês envolve o governo, os sindicatos, os empregadores, as ONG e os representantes das autoridades locais. Os resultados de um processo de consulta tão pormenorizado, apoiado diretamente pelo Presidente francês, moldaram sempre o novo quadro legislativo em França, com objectivos específicos para a gestão de resíduos a nível nacional.

Uma das principais razões pelas quais penso que o Presidente francês e o Parlamento apoiam esta iniciativa é o Pacto Climático de 2015, que foi assinado em França por vários chefes de Estado. O facto de ser um defensor desse pacto e de não incluir os regulamentos relativos à gestão de resíduos teria criado um mau precedente para muitas nações que olham para esse tratado. Simplesmente porque a má gestão dos resíduos tem impactos adversos no ambiente através da poluição do ar e da contaminação das águas subterrâneas e superficiais.

CIDADE DO CABO - ÁFRICA DO SUL

Esta cidade-mãe é a mais antiga da África do Sul e foi fundada em 1652, quando a Companhia Holandesa das Índias Orientais estabeleceu ali a primeira colónia na África Austral.

A Cidade do Cabo, também chamada Kaapstad (africâner) ou iKapa (xhosa), situa-se no extremo sudoeste da África do Sul, na Península do Cabo, e é a capital da província do Cabo Ocidental. A província do Cabo Ocidental é uma das nove províncias da República da África do Sul e pode ser comparada, em termos de dimensão, ao tamanho da Inglaterra.

O City Bowl, que é o distrito comercial da Cidade do Cabo, tem uma localização privilegiada na Península do Cabo, uma vez que está emoldurado pela cadeia de montanhas Table Mountain a sul, pelo Oceano Atlântico a oeste e pelo Oceano Índico a sudeste.

A Cidade do Cabo é a capital legislativa da África do Sul, com o Parlamento Nacional situado junto aos Jardins da Companhia. De janeiro a junho, o Parlamento Nacional reúne-se na Cidade do Cabo e, na segunda metade do ano, desloca-se para Tswane (Pretória). A Cidade do Cabo é, juntamente com Joanesburgo, o maior centro de transportes da África Austral, com um aeroporto internacional que recebeu uma grande modernização antes do Campeonato do Mundo de Futebol de 2010 e o porto da Cidade do Cabo é muito popular ao longo da rota comercial mais movimentada do mundo, com o seu porto em funcionamento. O porto também tem o segundo maior porto de contentores da África Austral.

A cidade acolheu vários jogos de futebol do Campeonato do Mundo da FIFA 2010 no recém-construído Estádio Green Point.

Geograficamente

- Localização: 33S 18E, mesma latitude que Santiago/Chile e Perth ou Newcastle/Austrália
- Terceira maior cidade da África do Sul, depois de Joanesburgo e Durban
- Ponto mais alto: Table Mountain a 1.063m acima do nível do mar

População

- 3,5 milhões na área metropolitana da Cidade do Cabo (5,2 milhões no Cabo Ocidental), 48% de cor, 32% de negros africanos, 19% de brancos e 1% de indianos/asiáticos, desemprego: 23,4%, analfabetismo: 15%

Línguas principais

Afrikaans 41%, Xhosa 29%, Inglês 28%

A SITUAÇÃO DOS RESÍDUOS

Desde 2000, foram efectuadas várias alterações legislativas na Cidade do Cabo, na sequência do acordo global sobre os impactos dos resíduos na saúde humana e ambiental. Em 2000, o Parlamento adoptou o "Livro Branco sobre a Poluição Integrada e a Gestão de Resíduos na África do Sul" como política nacional em matéria de poluição e gestão de resíduos.

O conselho da Cidade do Cabo introduziu recentemente novos projectos de legislação relacionados com a gestão holística e integrada dos resíduos. Estas reformas legislativas tinham como objetivo fazer com que a cidade se adaptasse às práticas globais, o que, por sua vez, minimizaria os impactos ambientais e os resíduos depositados em aterros, de modo a atingir o objetivo a longo prazo de "zero resíduos". O crescimento populacional e económico combinado da cidade resultou num aumento do consumo e num crescimento líquido do volume de resíduos gerados por cidadãos privados, turistas e visitantes, comércio e indústria.

As tendências actuais dos dados e informações disponíveis indicam que o crescimento dos resíduos produzidos está a ultrapassar o crescimento da população em 5%. Sem intervenções com o objetivo de minimizar os resíduos, a cidade enfrentará uma crise ambiental e sanitária que afectará a sua posição como um destino turístico de topo, com consequências terríveis para a economia local. Por conseguinte, o Conselho reconhece as suas responsabilidades de reduzir e minimizar os resíduos e os impactos sobre os recursos e o ambiente através desta política. Assim, a Câmara Municipal é obrigada a regulamentar as intervenções, os mecanismos e as tecnologias aplicadas dentro dos limites da cidade para minimizar e gerir os resíduos de uma forma sustentável, eficaz, equitativa e eficiente que minimize os impactos sociais, sanitários, ambientais e económicos que os resíduos podem causar.

A Câmara Municipal da Cidade do Cabo subscreve a Hierarquia de Gestão de Resíduos da Estratégia Nacional de Gestão de Resíduos (NWMS) como um método para minimizar os impactos devidos aos resíduos que seriam depositados em aterro.

Existem vários documentos regulamentares e políticos relacionados com o Conselho que contextualizam o âmbito e os princípios desta política para permitir a gestão de resíduos de uma forma integrada, sustentável, equitativa e responsável, a fim de manter um ambiente seguro e saudável.

Âmbito da política: A Política de GIR permite ao Conselho assegurar e regular a prestação de serviços de gestão de resíduos, quer através de serviços internos ou departamentais, quer através de mecanismos de serviços externos, em que o Conselho tem de atuar como Autoridade de Serviços para executar o seu mandato constitucional na sua área de jurisdição. A política aplica-se na cidade do Cabo, tal como definida pelo Conselho de demarcação para:

A gestão e a minimização dos resíduos que seriam recolhidos, encaminhados, desviados, processados ou tratados, reciclados; a Cidade do Cabo, através da Gestão Integrada de Resíduos (IWM), empreendeu este programa para reduzir os resíduos.

A gestão dos resíduos será efectuada num aterro sanitário licenciado e regulamentado dentro dos limites da cidade ou em qualquer outro local de gestão de resíduos sob o seu controlo direto. Deste modo, evita-se que operadores que não cumprem as normas executem tarefas de gestão de resíduos que, por sua vez, causariam danos à sociedade se fossem mal geridos.

Todos os indivíduos que residem ou visitam a cidade, bem como as entidades que desenvolvem actividades comerciais ou prestam qualquer tipo de serviço privado, público ou comunitário que necessite de serviços de gestão de resíduos, são instados a recorrer às autoridades da sua cidade para serem orientados sobre quem procurar para esse serviço específico. A gestão e a regulamentação de todos os resíduos, que podem incluir resíduos líquidos ou fluidos, gerados na cidade, com disposições especiais para o manuseamento, processamento, tratamento e eliminação de resíduos perigosos, bem como os resíduos gerados pelo sector dos serviços de saúde, incluindo os serviços veterinários, são, na maioria dos casos, tratados pela própria autoridade da cidade.

Para a regulamentação dos resíduos que atravessam os limites da cidade, a fim de assegurar uma gestão adequada, a reciclagem e o controlo de todos os tipos de resíduos, esta política exclui os resíduos provenientes de sistemas de saneamento, qualquer que seja a sua forma, para os quais existem políticas nacionais e do Conselho separadas. A política prevê a eliminação de lamas de depuração tratadas com uma qualidade aceitável que minimize o impacto sobre o ambiente, tal como determinado por directrizes separadas de tempos a tempos. Princípios gerais Mecanismos adequados, instalações legalizadas foram apresentados através de autorizações ou aplicações relevantes que podem incluir Parcerias Público-Privadas (PPP), facilitam o processamento ou tratamento de quaisquer resíduos recicláveis de uma forma económica e ambientalmente sustentável que permite às empresas envolvidas na reciclagem de materiais residuais.

Defender a reutilização de materiais residuais, tanto quanto possível; eliminar os resíduos remanescentes de forma responsável, utilizando processos e métodos que conservem o espaço aéreo para prolongar a vida útil dos aterros e métodos que tenham um impacto mínimo na água, nas águas subterrâneas, no solo ou no ar. Melhorar a sustentabilidade socioeconómica e a saúde pública e ambiental através da prestação de serviços de gestão de resíduos equitativos e sustentáveis, que devem estar disponíveis a tarifas ou encargos razoáveis para todas as partes interessadas. Isto pode, por sua vez, garantir o fornecimento eficaz e económico a longo prazo de soluções de gestão de resíduos para a cidade, apoiado por uma estratégia de financiamento sustentável e economicamente viável.

A minha pequena experiência na Cidade do Cabo é que, na verdade, vi mais do que isso a ser posto em prática e os habitantes da cidade estão realmente muito conscientes das consequências de uma má gestão dos resíduos, porque foram tomadas precauções muito importantes para garantir a adesão a mecanismos de conservação menos nocivos.

Numa interação próxima com o Dr. Nehemiah Dominic, um investigador de geofísica, ele exclamou que é da responsabilidade de cada um garantir que o ambiente está limpo e seguro à sua volta, assegurando uma eliminação adequada dos resíduos e cumprindo as leis das autoridades municipais ou mesmo ajudando o pessoal das autoridades na recolha de resíduos dentro dos limites da sua própria casa.

9. Remédios recomendados.

Envolvimento da Comunidade em;

Recolha primária. Isto requer um esforço extra de implorar ao público em geral para que assuma a responsabilidade de recolher os resíduos em instalações mais simples disponíveis, como as casas de campo e o simples aterro sanitário de um determinado bairro da cidade. Isto é basicamente para o caso dos resíduos sólidos que seriam posteriormente recolhidos pelas autoridades municipais em parceria com as empresas privadas contratadas para a recolha de resíduos sólidos na cidade. Por conseguinte, é necessário que o governo restaure a glória de entidades paraestatais como a KCCA e a NEMA, de modo a garantir que a composição e a qualidade do pessoal estejam à altura das normas e sejam mantidas sob controlo, para garantir que cumprem as expectativas do público e do público em geral

Também sobre a obrigação pública de recolha primária, as águas residuais, como a água dos urinóis de lavagem, dos duches e das sanitas. Estas podem ser guardadas principalmente nas fossas sépticas para as pessoas que não estão ligadas à rede de esgotos. Alguns locais ligados à rede de esgotos incluem instituições como a Universidade de Makerere, ministérios e a casa do Estado, cuja população é realmente muito pequena em comparação com a população geral da capital, recentemente estimada em quatro milhões de pessoas. Isto deixou a questão de saber "para onde vai o resto do esgoto não tratado da maioria das zonas da cidade"

Na capital Kampala, presume-se que mais de 95% da população da cidade não está ligada à rede de esgotos, pelo que a maior parte das águas residuais é mantida temporariamente nas fossas sépticas ou diretamente canalizada para as massas de água sem qualquer tratamento.

Esta situação é comum em muitos subúrbios da cidade, como Katanga em Wandegeya, Kiwunya em Makerere Kikoni, Kamwokya na divisão de Kawempe, Bwaise na divisão de Kawempe e Banda na divisão de Nakawa. Por conseguinte, a KCCA é convidada a planear a população das zonas em causa, a fim de construir instalações como aterros sanitários adequados e a alargar as linhas de esgotos que ligam às estações de tratamento de resíduos.

Programas de sensibilização através de campanhas de conscientização, semanas de saneamento em todas as localidades da periferia da cidade e favelas. Organização dos trabalhadores do sector informal em sindicatos legalmente reconhecidos, associações baseadas em membros e a sua reflexão nas decisões políticas relevantes. Isso promove a inclusão do público na formulação de políticas e na aplicação da lei, caso alguns membros da sociedade não cumpram as políticas promulgadas pela prefeitura. Isso pode ser feito através da organização de eventos sociais como gala de futebol nas áreas de favelas mais afetadas.

Figura 7: Jogo de futebol organizado em Kasokoso, uma das zonas mais pobres de Kampala

Os funcionários da cidade e da divisão devem reconhecer algumas destas associações informais dos nativos como organizações parceiras válidas para a prestação de serviços. Isto pode ser feito através da motivação do sector privado/ONG para envolver estas associações informais numa tentativa de travar as dificuldades da má gestão dos resíduos sólidos na cidade. Isto é muito útil porque as pessoas sentem o sentido de propriedade e inclusão na implementação de políticas. Prestação de serviços através da elevação do nível dos catadores de lixo/trapos nas ruas para catadores de lixo na fonte. Isto pode ser feito através do emprego de mais material com sistemas mecanizados, tais como camiões com GPS para a recolha de lixo e máquinas de salvamento de resposta rápida para casos de águas residuais bloqueadas que acabem por transbordar dos seus canais de transporte.

Promoção de incentivos para proporcionar segurança social e benefícios de saúde aos membros destas associações, ou seja, basicamente às sociedades que estão atentas à eliminação incorrecta de resíduos sólidos e de águas residuais. As sociedades cujos membros desenvolveram uma cultura de respeito pelos resíduos, depositando-os em áreas de deposição adequadas, como aterros temporários, e despejando as águas residuais nos canais de transporte reconhecidos, devem receber incentivos para implorar a outras comunidades que não têm essa cultura, de modo a que, a longo prazo, o objetivo seja alcançado pela capital.

Através da concessão de empréstimos a juros baixos a organizações locais que concorrem a concursos e contratos de recolha de resíduos. Isto deve ser implementado entre a maioria dos jovens através dos seus sindicatos, para que se dediquem ao trabalho. Isto porque a maioria dos jovens são os que mais sofrem com o desemprego na cidade e, se isto for implementado, acabará por incentivar todas as divisões da cidade a organizarem-se e a beneficiarem deste projeto de capacitação dos jovens.

Através da concessão de incentivos para encorajar a participação de associações privadas através de isenções fiscais e outras concessões fiscais. Isto deve-se ao facto de muitos destes contratos gerarem rendimentos para estas empresas privadas; é para benefício do público em geral, devido à melhoria dos meios de subsistência dos cidadãos. Isto ajuda, portanto, a atrair mais empresas privadas cujo objetivo final é obter lucros com o serviço prestado, mas que, em última análise, conduz à redução da ameaça de resíduos na cidade e arredores.

Dar prioridade a estas organizações de base comunitária na celebração de pequenos contratos de recolha de resíduos e de transformação em pequena escala como empresas do sector informal. Esta prioridade pode consistir no reembolso atempado dos seus pagamentos em atraso e na concessão de isenções fiscais, tal como referido anteriormente.

Reserva de terrenos nos planos de desenvolvimento para o processamento descentralizado de resíduos biodegradáveis e para a criação de instalações de recuperação de materiais. Os resíduos não biodegradáveis também devem ser reservados em locais cuja proximidade com as instalações residenciais e comerciais seja maior, uma vez que são sempre eliminados através da combustão em incineradoras. Isto deve-se ao mau cheiro que produzem no processo de combustão e aos seus efeitos negativos na hemoglobina, um componente dos glóbulos vermelhos que permite o bom funcionamento do oxigénio na corrente sanguínea do corpo.

Apoio a programas de desenvolvimento de capacidades para associações do sector informal que respondam às necessidades especiais das mulheres e dos jovens. Esses programas incluem a reciclagem de águas residuais para serem reutilizadas para fins domésticos e comerciais nas indústrias e centros de negócios. Resíduos para energia, ou seja, resíduos sólidos para biomassa e energia de biogás para iluminação e funcionamento de sistemas eléctricos em casas e indústrias

Através da defesa da redução da produção de resíduos: A forma mais preferida de gestão de resíduos é evitar a produção de resíduos em várias fases, incluindo a fase de conceção, produção, embalagem, utilização e reutilização de um produto. A prevenção de resíduos ajuda a reduzir os custos de gestão, tratamento e eliminação, reduzindo assim vários impactos ambientais, tais como lixiviados, emissões de gases com efeito de estufa, como o metano e o dióxido de carbono.

RECICLAGEM

De acordo com a KCCA, nenhuma pessoa pode explorar um estabelecimento com o objetivo de reciclar resíduos sem uma autorização válida emitida pelo conselho.

Os planos, especificações e outras informações pertinentes ao projeto de reciclagem devem ser apresentados ao conselho para análise e aprovação antes do início do projeto, e nenhum trabalho de construção para o projeto de incineração pode começar antes de essa aprovação ter sido obtida. O conselho deve prever disposições para a eliminação correcta de todos os resíduos que não sejam considerados adequados para reciclagem.

Deverá ser disponibilizado pessoal qualificado para assegurar o correto funcionamento e manutenção das instalações de resíduos de uma forma que não seja prejudicial para a sociedade.

Qualquer pessoa que cometa uma infração ao abrigo do decreto relativo à reciclagem é passível, em caso de condenação, de uma multa não superior a dois pontos de moeda ou de uma pena de prisão não superior a seis meses. O objetivo é garantir a prestação de serviços de qualidade e o profissionalismo no processo de reciclagem.

Uma pessoa condenada por uma infração ao abrigo do decreto relativo aos resíduos é, para além de qualquer sanção imposta pelo tribunal, responsável pelo pagamento ao conselho de quaisquer despesas incorridas pelo conselho em consequência dessa infração. Este aviso sonoro impede os autores de actos ilegais de reciclagem de resíduos que, por sua vez, afectariam a sociedade.

Reciclagem de sólidos: A recuperação de recursos materiais recicláveis através de um processo de separação, recolha e reprocessamento para criar novos produtos é a próxima alternativa preferida. Por exemplo, a utilização de fibras de bananeira para fazer artesanato como sacos de mão, peças de arte, tapetes. Todas elas podem ser utilizadas para fins mais importantes em casas e escritórios, onde podem ser fixadas nas paredes do escritório para melhorar a beleza interior das paredes.

Resíduos para compostagem: A fração orgânica dos resíduos pode ser compostada para melhorar a saúde do solo e a produção agrícola, respeitando as normas de decomposição do estrume. É aqui que o governo, com a ajuda do sector privado, pode desenvolver locais para o processo de compostagem, de modo a que o estrume gerado facilite e impulsione a vida vegetal nas explorações agrícolas comerciais da cidade. Em termos económicos, é mais barato do que o uso de fertilizantes em termos de preço de compra. Além disso, do ponto de vista ambiental, o estrume compostado é menos nocivo para a vida dos microorganismos no solo do que os fertilizantes.

Resíduos para energia: Quando a recuperação de materiais a partir de resíduos não é possível, é preferível a recuperação de energia a partir de resíduos através da produção de calor, eletricidade ou combustível. A biometanização, a incineração de resíduos, a produção de combustível derivado de resíduos (CDR) e o processamento dos rejeitos secos triados de resíduos sólidos em lixeiras são normalmente adoptados. Por exemplo, a utilização de máquinas simples para preparar os materiais de resíduos sólidos, como cascas de banana, espigas de milho, caules de banana e cinzas de carvão, para produzir briquetes que são muito baratos e podem ser comprados por muitas famílias pobres nos subúrbios da cidade.

As tecnologias "Waste to Energy" incluem a utilização de máquinas amigas do ambiente que emitem menos carbono para a atmosfera.

Eliminação de resíduos: Os resíduos residuais remanescentes no final da hierarquia, que são idealmente compostos por inertes, devem ser eliminados em aterros sanitários revestidos, que são construídos de acordo com as estipulações das Regras de Gestão e Manuseamento de Resíduos, de acordo com a portaria KCCA que dá orientações para a eliminação de resíduos.

A hierarquia implica que todas as opções de minimização de resíduos devem ser exercidas antes de serem seleccionadas e implementadas as tecnologias de tratamento e eliminação. Um exemplo num ponto pode ser a reutilização de materiais não orgânicos antes da eliminação, como os sacos de compras. Estes não devem ser utilizados uma única vez, uma vez que isso constituiria um desperdício de recursos em termos económicos e, a longo prazo, aumentaria a produção de resíduos sólidos.

Aprofundar o conceito de introdução de caixotes do lixo ao longo das ruas da cidade para uso comunitário, numa tentativa de travar o despejo imprudente de resíduos como garrafas de água, vagens de frutos como mangas e cascas de abacate.

A aplicação dos regulamentos internos adoptados pelo conselho municipal e pelos conselhos de divisão - trata-se de fazer cumprir a lei. Esta pode ser informada através de punições graves impostas aos infractores e aos incumpridores das leis. Isto pode ser feito através de multas, sentenças curtas pelos tribunais e tribunais municipais.

Métodos de eliminação

Todos os resíduos devem ser eliminados de acordo com os métodos prescritos pelo município.

Qualquer pessoa que possua uma licença deve eliminar todos os resíduos sólidos de acordo com o método aprovado pelo conselho num local aprovado e a aprovação deve ser obtida antes do início das operações e antes de qualquer alteração do método de eliminação ou do local.

Incineração

Ninguém deve eliminar os resíduos por incineração, exceto em conformidade com o presente diploma, a Lei da Saúde Pública, a Lei Nacional do Ambiente e qualquer outra lei escrita do Uganda.

Método de incineração a ser aprovado pelo conselho

Quando os resíduos se destinam a ser eliminados por incineração;

Os planos e especificações, juntamente com quaisquer outras informações necessárias para avaliar o projeto de incineração, devem ser apresentados ao conselho para aprovação antes do início da construção e deve ser fornecido um método aprovado para a eliminação dos resíduos não combustíveis.

Se for efectuada a incineração, devem ser cumpridos os seguintes requisitos e a capacidade da incineradora deve ser suficiente para a produção máxima de resíduos prevista;

Os resíduos não combustíveis devem ser eliminados através de um método aprovado pelo conselho; e deve ser empregue pessoal qualificado para assegurar o bom funcionamento e a manutenção das instalações de uma forma que não cause incómodos.

Resíduos clínicos e hospitalares. Os resíduos clínicos e os resíduos médicos devem ser eliminados por incineração ou "auto-clave" antes de serem depositados num aterro.

Instalações de recuperação

Ninguém deve explorar um estabelecimento de compostagem, transformação ou valorização de resíduos sem uma licença válida emitida pelo conselho.

As especificações do plano e outras informações pertinentes a uma instalação de recuperação devem ser submetidas ao conselho para aprovação antes do início do projeto, e nenhum trabalho de construção deve começar até que essa aprovação tenha sido obtida.

Devem ser tomadas disposições para a eliminação adequada de todos os resíduos que não sejam considerados adequados para compostagem, valorização ou transformação.

Deverá ser disponibilizado pessoal qualificado na instalação para assegurar o funcionamento e a manutenção adequados das instalações de uma forma isenta de perturbações.

Aterro sanitário

A eliminação de resíduos no solo deve ser efectuada através do método de aterro sanitário controlado.

Ninguém, para além do conselho, deve explorar ou manter um aterro sanitário sem uma licença emitida pelo conselho ou sem estar em conformidade com a portaria relativa à gestão de resíduos e qualquer outra lei escrita em vigor.

O pedido de exploração de um aterro sanitário deve também ser acompanhado de um plano que indique o seguinte;

Localização do sítio

Extensão proposta e tipo de aterro planeado

Topografia local de um aterro sanitário

Utilização do solo

Alçados e curvas de nível finais propostos

Estradas de acesso

Profundidade da água subterrânea

Proximidade de cursos de águas superficiais ou de drenagem

Quaisquer outras informações solicitadas pelo conselho

Funções de um operador de aterro

O operador do aterro deverá:

Prever uma estrada de acesso adequada ao sítio

Prever uma estrada semi-permanente, para todas as condições meteorológicas, no local, assinalada com sinais de direção adequados e, se necessário, com um desvio para facilitar a circulação ordenada dos veículos e a eliminação dos resíduos.

Tomar todas as medidas necessárias, incluindo a construção de barreiras físicas, para evitar que os resíduos sejam arrastados pelo vento; e tomar todas as medidas razoáveis necessárias para.

Prevenir ou eliminar a reprodução ou abrigo de moscas, mosquitos e outros insectos, roedores ou animais nocivos, que possam constituir um perigo para a saúde pública.

Prevenir e controlar os incêndios ou a poluição do ar por poeiras, fumos, vapores e odores ou por outras causas.

Prevenir a poluição das águas superficiais e subterrâneas.

Prevenir ou eliminar qualquer irritação pública nas instalações

Assegurar e manter uma supervisão eficaz do aterro e do seu funcionamento, devendo a supervisão estender-se aos limites físicos do projeto, incluindo as estradas de acesso. A superfície de trabalho do aterro deverá ser mantida tão estreita quanto possível, de modo a permitir o confinamento adequado dos resíduos, a operação de veículos e equipamentos e a minimizar a área de resíduos não processados e expostos.

Os resíduos podem ser compactados, devendo a compactação ser efectuada mecanicamente após a deposição e antes da cobertura dos resíduos.

A superfície de trabalho exposta deve ser coberta com terra limpa tão rapidamente quanto necessário para controlar a irritação e o fogo; e no final de cada dia de operações, tanto a superfície como os taludes laterais do aterro devem ser completamente cobertos com terra a uma profundidade de pelo menos doze centímetros.

Materiais volumosos, como entulho de construção e cepos de árvores, não devem ser utilizados como superfícies finais ou taludes laterais.

A cobertura final da superfície e dos taludes laterais deve ser mantida a uma profundidade mínima de oito centímetros. Deverá ser previsto equipamento de reserva suficiente para evitar atrasos na compactação e na cobertura devido a emergências, picos de carga ou outros motivos.

Sempre que um aterro acabado tenha um declive lateral, a base do declive deve terminar numa vala cheia ou noutra estrutura concebida para evitar o desnivelamento da base e do declive. Exceto nos casos em que é concedida autorização do conselho, a queima num aterro também deve ser proibida porque os resíduos contêm muitos componentes combustíveis e podem deflagrar grandes incêndios, causando assim danos à propriedade na vizinhança.

Após a conclusão do período ativo de enchimento, deverá ser prosseguido um programa de manutenção de modo a assegurar a rápida reparação de fissuras, depressões, erosão superficial e dos taludes laterais até à estabilização do aterro.

O operador de um aterro deverá ser responsável por manter os necrófagos afastados do aterro.

É proibida a eliminação num aterro de excrementos humanos provenientes de fossas sépticas, fossas e casas de banho de serviço, bem como de resíduos nocivos como solventes, pesticidas, venenos e respectivos recipientes.

O operador do aterro deverá também fornecer os seguintes elementos nas instalações:

Extintores de incêndio para extinguir incêndios em caso de deflagração nas instalações

Instalações de primeiros socorros, para que, em caso de acidente, as vítimas possam ser tratadas antes de serem transferidas para os hospitais para serem examinadas

Abastecimento de água adequado. Esta pode ser utilizada para lavar o equipamento utilizado no processo de triagem e para ablução.

Instalações sanitárias. Estas devem estar muito bem equipadas com detergentes e esterilizadores, uma vez que o aterro é uma instalação com muitos materiais patogénicos e, por conseguinte, pode sujeitar os operadores a riscos de contrair doenças no caso de não se limparem depois do trabalho.

Vestuário de proteção para todos os trabalhadores. Este equipamento pode ajudar a proteger os trabalhadores das instalações de contraírem doenças através do contacto direto com os resíduos.

Todos os trabalhadores de um aterro sanitário devem ser submetidos a um exame médico periódico. Isto deve ser feito com o objetivo de assegurar que os trabalhadores são saudáveis e, no caso de serem examinados e de haver corpos estranhos neles, deve ser-lhes fornecida uma vacinação imediata. As pessoas, empresas e agências governamentais, dentro dos limites corporativos da cidade, devem ser autorizadas pelo conselho a eliminar os resíduos sólidos gerados dentro dessa área num local designado pelo conselho

A eliminação de animais mortos de grande porte deve ser efectuada através de enterramento, cremação, desmembramento ou rasgamento de uma forma aprovada pelo conselho, ou por outros métodos aprovados pelo conselho.

Pedido de autorização

Um pedido de autorização de qualquer tipo ao abrigo da portaria relativa à gestão de resíduos deve ser apresentado ao conselho num formulário prescrito pelo conselho e deve ser acompanhado da taxa prescrita.

Todos os planos, especificações e outras informações pertinentes ao projeto de reciclagem devem ser apresentados ao conselho para análise e aprovação antes do início do projeto, e nenhum trabalho de construção deve começar até que essa aprovação tenha sido obtida.

Devem ser previstas disposições para a eliminação correcta de todos os resíduos sólidos que não sejam considerados adequados para reciclagem.

Durante o processo de concessão de licenças às pessoas interessadas em operar no sector da gestão de resíduos, deve ser disponibilizado pessoal qualificado como painelista. Isto deve ser feito porque ajuda a travar os casos de incompetência entre os proponentes.

PENALIDADES

Qualquer pessoa que cometa uma infração ao abrigo da portaria é passível de condenação, de uma multa não superior a dois pontos de moeda ou de uma pena de prisão não superior a seis meses. Uma pessoa condenada por uma infração ao abrigo do regulamento relativo à gestão de resíduos é, para além de qualquer sanção imposta pelo tribunal, responsável pelo pagamento ao conselho de quaisquer despesas incorridas pelo conselho em consequência dessa infração.

Manutenção regular dos depósitos/recipientes de armazenagem de resíduos

Determinação dos tipos de resíduos a aceitar nos aterros, planeamento e conceção da localização dos aterros:

Processos de planeamento e conceção do aterro.

Critérios de localização

Procurar por área

Elaboração de uma lista de sítios potenciais

Recolha de dados para locais potenciais

Visita de campo para verificação local e identificação de potenciais sítios

Seleção dos sites com melhor classificação

Controlo das obras de construção

Todo o critério acima seguido tem como objetivo obter a melhor localização de locais cuja proximidade das habitações não seja tão próxima que cause um mau cheiro desagradável às pessoas que as rodeiam. No entanto, deve notar-se que a distância não deve ser tão grande que aumente o custo do transporte dos resíduos pelas pessoas que vivem nas proximidades, uma vez que uma distância cansativa e dispendiosa pode levá-las a depositar os resíduos em locais que não estão preparados para a sua eliminação.

Aspeto da água e do saneamento em relação à gestão e eliminação de resíduos

Pela primeira vez, a KCCA coordenou e reuniu todos os intervenientes do sector da água e do saneamento na cidade no âmbito do Fórum da Água e do Saneamento de Kampala, com o apoio da GIZ. O objetivo era reduzir a duplicação e normalizar a prestação de serviços no sector.

O esvaziamento de rotina das casas de banho públicas e escolares que não estão ligadas à rede pública de esgotos foi reforçado. Apesar da frota limitada de veículos para executar todas estas tarefas, foram recolhidas cerca de 3.844 fossas de casas de banho comunitárias e institucionais, melhorando assim o nível de saneamento.

Vários invasores foram expulsos das zonas húmidas; o mais notável é a zona húmida de Lubigi. Em colaboração com o Departamento de Zonas Húmidas do Ministério da Água e do Ambiente, está em curso o processo de gazetear as zonas húmidas da cidade. No entanto, é imperativo que tudo isto aconteça a todos os ugandeses e mesmo aos não ugandeses, independentemente das suas filiações políticas e das posições que ocupam no governo

Foram realizadas inspecções a potenciais poluidores na cidade e uma das maiores indústrias da cidade (Mukwano) foi, há algum tempo, temporariamente encerrada por incumprimento. A colaboração com outras instituições permitiu alcançar um elevado desempenho neste sector, especialmente em matéria de poluição e descarga

O QUE PODE SER FEITO COM OS RESÍDUOS ESPECIAIS?

Os resíduos especiais incluem qualquer resíduo sólido ou combinação de resíduos sólidos e águas residuais que, devido à sua quantidade, concentração de várias características químicas, propriedades físicas e biológicas que exigem um tratamento e eliminação especiais para proteger a saúde humana, bem como o ambiente e para explorar potenciais especiais de reciclagem. De acordo com esta definição, os seguintes resíduos são definidos como resíduos especiais:

Resíduos de plástico

Resíduos biomédicos

Resíduos de matadouros

Resíduos eléctricos e electrónicos (e-waste)

Resíduos de pneus

Resíduos de pilhas

Idealmente, os resíduos especiais não deveriam entrar nos fluxos de resíduos sólidos urbanos, mas como muitos dos resíduos acima referidos também são gerados a nível doméstico, acabam frequentemente no fluxo de gestão de resíduos sólidos mistos devido à falta de segregação na fonte ou a sistemas de recolha imperfeitos.

Para além das regras relativas aos resíduos sólidos urbanos (gestão e manuseamento) de 2000 e do projeto de 2013, são aplicáveis a estes resíduos especiais algumas regras especiais ao abrigo do decreto relativo aos resíduos sólidos. Em geral, os resíduos especiais necessitam de sistemas de recolha e tratamento separados, a fim de evitar a contaminação de outros fluxos de resíduos (relevante para resíduos biomédicos, resíduos de matadouros, resíduos de equipamentos eléctricos e electrónicos e resíduos de pilhas), aplicar tecnologias de reciclagem específicas (relevante para resíduos de plástico, resíduos de equipamentos eléctricos e electrónicos e resíduos de pneus) e gerir grandes quantidades de resíduos

Por conseguinte, os diferentes tipos de resíduos especiais exigem sistemas de recolha e tratamento específicos que já foram discutidos anteriormente.

Até que ponto os ULBs são responsáveis?

Nem todos os resíduos especiais exigem, de longe, o envolvimento operacional dos ULB. As seguintes opções podem ser relevantes: Sistemas de responsabilidade alargada do produtor (EPR): As pilhas e determinados tipos de resíduos electrónicos podem ser recolhidos e tratados através de sistemas de devolução geridos pelos produtores e retalhistas destes produtos. Responsabilidade total do sector privado: Alguns resíduos especiais, como os resíduos em fim de vida

Os veículos são normalmente explorados sob a inteira responsabilidade do sector privado. O papel dos organismos públicos limita-se a funções de controlo, por exemplo, no que diz respeito ao cumprimento dos requisitos ambientais.

Certos tipos de resíduos podem ser tratados no âmbito de regimes de PPP. Isto pode ser especialmente relevante para os resíduos biomédicos e de matadouros. Operação integrada dos ULB: Os resíduos de plástico são também uma componente não perigosa dos resíduos sólidos urbanos. Os ULB deveriam criar sistemas de recolha especiais no âmbito das suas operações gerais de gestão de resíduos sólidos urbanos.

Analisar criticamente os resíduos especiais que os ULB podem e devem tratar de forma fiável e como isso deve ser feito. É necessário estabelecer soluções sustentáveis e bem controladas com ou sem terceiros, como já foi referido.

A urbanização e os resíduos sólidos urbanos que Kampala está a enfrentar aumentaram o desafio de satisfazer as necessidades incrementais de infraestruturas da crescente população urbana para tratar dos resíduos gerados na cidade. De acordo com o censo de 2012, a população de Kampala era de 3,5 milhões e está agora estimada em 5,5 milhões de pessoas (o que inclui os trabalhadores a tempo parcial e os homens de negócios), dos quais mais de 65% vivem nos arredores da cidade, que ainda não estão à altura dos padrões da cidade, de acordo com os padrões do banco mundial.

Prevê-se ainda que, até 2050, mais de % da população viverá na cidade de Kampala, devido à sua prosperidade comercial e às muitas oportunidades de emprego que a rodeiam. Com este aumento da população, a gestão dos resíduos sólidos urbanos (RSU) na cidade surgiu como um problema grave, não só devido às preocupações ambientais, mas também devido às grandes quantidades de resíduos gerados todos os dias.

Do total de resíduos produzidos, menos é o que é processado ou tratado. A segregação na fonte, a recolha, o transporte, o tratamento e a eliminação científica dos resíduos foram largamente insuficientes, conduzindo à degradação do ambiente e à má qualidade de vida.

O facto de a gestão dos RSU se estar a tornar cada vez mais uma questão crítica quando as preocupações em grande escala relativas à gestão inadequada dos resíduos sólidos urbanos resultaram em numerosos litígios de interesse público (PIL), o KCCA foi levado a ordenar ao Ministério do Ambiente, Governo da República do Uganda, que publicasse a Lei dos Resíduos Sólidos Urbanos (Gestão e Tratamento) em 2012. As regras continham directivas para que todos os **ULBs** estabelecessem um sistema adequado de gestão de resíduos, incluindo um calendário para a instalação de instalações de tratamento e eliminação de resíduos até ao final de 2003, não só para os metropolitanos e as cidades de classe I, mas para todos os **ULBs.**

O Ministério de Kampala e a presidência com o Governo do Uganda desenvolveram um Manual de Orientação para a gestão dos resíduos sólidos urbanos para todos os organismos locais urbanos (**ULB**) e publicaram-no simultaneamente com as regras do decreto relativo aos resíduos sólidos. No entanto, até 2003, todos os **ULB** não estavam em condições de criar um sistema sustentável de **RSU**, incluindo sistemas de tratamento e eliminação, mas esta situação foi rectificada com o decreto relativo aos resíduos do KCC e agora os ULB estão habilitados e podem tratar e eliminar os resíduos.

A fim de dar um impulso à gestão **dos RSU** nas cidades, **a KCCA**, sob a tutela do Ministério de Kampala e da Presidência, aumentou os fundos atribuídos para melhorar a **gestão dos RSU** no âmbito de projectos emblemáticos como o Kampala Yange e desde 2012 até à data. Os fundos para a execução de projectos de gestão de resíduos sólidos urbanos também são disponibilizados por fundos estatais.

Muitos **ULBs criaram** sistemas de recolha porta a porta, transporte, tratamento e eliminação segura de resíduos. No entanto, apesar dos projectos-piloto e das realizações encorajadoras, a maior parte dos manuais sobre a gestão dos resíduos sólidos urbanos ainda não está aberta ao público, especialmente aos estudantes, para que possam obter informações actualizadas sobre a situação dos resíduos.

Embora a maior parte das autoridades locais das zonas periurbanas de Kampala ainda não tenham desenvolvido capacidades internas para se encarregarem de forma independente dos resíduos produzidos localmente, a Autoridade da Cidade e o Governo Central continuam a desempenhar um papel crucial na formulação de políticas, programas, regulamentos e na prestação de assistência técnica e financeira para o desenvolvimento de infra-estruturas, incluindo a gestão dos resíduos sólidos urbanos na capital. Embora a gestão dos resíduos sólidos urbanos seja um serviço essencial e uma função obrigatória das autoridades da capital em todas as divisões, continua a ser gerida de forma não planeada, dando origem a graves problemas de saúde, especialmente para os habitantes dos bairros de lata, e causando, consequentemente, a degradação ambiental. Este facto sublinha claramente a necessidade de os **ULB elaborarem** um plano estratégico e pormenorizado de gestão dos resíduos sólidos. Cada **ULB** deve preparar um plano municipal de gestão de resíduos sólidos (**MSWM** Plan), que contemple acções a curto e a longo prazo

Definir o público-alvo e a sua segmentação na gestão de resíduos

O público-alvo é o produtor de resíduos que precisa de ser educado e motivado para participar efetivamente na gestão dos resíduos. Todos os agregados familiares, estabelecimentos comerciais e outras instalações institucionais têm de ser contactados através de uma campanha de IEC para cooperarem com a autoridade municipal na gestão dos seus resíduos. Isto pode ser conseguido através de intermediários, tais como;

OCBs

ONG

SHGs

As organizações sociais, juntamente com os representantes eleitos e os funcionários da divisão

Líderes locais, ou seja, ao nível da zona

Habitantes de bairros degradados e prestadores de serviços

Crianças em idade escolar e professores

Os impactos da vulnerabilidade do género e da pobreza são dimensões essenciais que devem ser consideradas em todas as comunicações.

Os objectivos da comunicação na gestão dos resíduos urbanos

A comunicação não deve ser apenas um complemento, mas sim uma parte integrante da campanha de sensibilização. O objetivo de um programa de comunicação deve refletir o impacto previsto sobre as partes interessadas. Deve identificar a forma como o comportamento dos participantes e dos parceiros irá melhorar, em que medida e durante que período de tempo. Isto pode ser feito através de;

Informação. Informar o público sobre os métodos e requisitos de gestão de resíduos

Educação e Comunicação

Obtenção de apoio público para as iniciativas de RSU

Desenvolver canais de comunicação claros

Um objetivo de comunicação bem concebido deve ser uma técnica SMART:

Simples e claro para que a mensagem transmitida chegue facilmente ao destinatário-alvo com o mais alto nível de compreensão.

Mensurável, de modo a atingir um número apreciável de pessoas-alvo, a fim de realizar facilmente os objectivos centrais da comunicação nesse mesmo grupo-alvo de pessoas.

Realizável. Isto porque a não realização deste objetivo no tempo previsto antagonizará o calendário de trabalho de outras actividades específicas

Razoável. A mensagem que se pretende transmitir às pessoas deve ser apelativa para o público, de modo a não criar preconceitos que, por sua vez, sabotariam os resultados da comunicação.

Seleção dos canais de comunicação estratégica adequados

Os canais de comunicação escolhidos para a campanha de IEC devem ser acessíveis ao público-alvo, reproduzíveis e eficazes em termos de custos.

Os canais de comunicação devem ser seleccionados com base em considerações importantes;

• Os canais seleccionados devem ser aqueles que atingem o seu grupo com o maior grau de frequência, eficácia e credibilidade.

• Reconhecer que os diferentes canais desempenham papéis diferentes.

- Reconhecer que os diferentes canais de comunicação são utilizados de forma diferente por ambos os sexos (masculino/feminino)

- Utilizar vários canais em simultâneo. A utilização integrada de múltiplos canais aumenta a cobertura, a frequência e o impacto das mensagens de comunicação.

- Os recursos humanos e financeiros do programador devem ser capazes de gerir os meios de comunicação escolhidos

- Selecionar canais que sejam acessíveis e adequados aos participantes no Programa; por exemplo:

■ As mensagens de rádio devem ser programadas para as estações de rádio que os participantes do Programa realmente ouvem e nos horários de transmissão em que eles realmente ouvem. A transmissão deve também ser efectuada na língua que a maioria dos participantes concebeu.

■ Os materiais impressos só devem ser utilizados por participantes alfabetizados ou semi-alfabetizados que estejam habituados a aprender através de materiais escritos e visuais.

■ A comunicação comunitária/interpessoal deve ser fornecida de forma fiável por fontes credíveis.

Baixo, médio e alto custo

Os instrumentos IEC devem ser combinados para se obter o máximo impacto possível.

- Jornal,
- Revistas,
- Cartazes,
- Cartazes publicitários,
- Autocolantes,
- Flip Charts,
- Anúncios,
- Panfletos e
- Folhetos
- Manuais sobre a gestão dos resíduos sólidos urbanos

Os resultados da análise dos canais ajudarão a equipa/grupo de trabalho a saber quais os canais mais adequados às mensagens e aos participantes e se é necessário reforçar a capacidade local para levar a cabo o programa de comunicação.

Impressão Meio:

Embora o suporte impresso seja mais adequado para a classe alfabetizada, é também um bom suporte para todos os sectores da sociedade, dada a importância da comunicação visual e dos gráficos. Para os analfabetos, as mensagens podem ser transmitidas de forma pictográfica através da impressão. As mensagens a transmitir devem ser claras e facilmente compreensíveis.

As mensagens sobre reutilização, reciclagem e eliminação de produtos podem ser impressas em todos os produtos utilizados pela comunidade.

Meio áudio-visual:

Trata-se de um meio muito eficaz e pode transmitir mensagens que podem ter um impacto grande e duradouro. Os canais dos meios de comunicação de massas têm a capacidade comprovada de atingir e informar grandes audiências e são muito bem sucedidos em influenciar atitudes e motivar mudanças de comportamento. Os avanços tecnológicos trouxeram os meios de comunicação electrónicos para a linha da frente como uma das ferramentas mais eficazes para o desenvolvimento social. As parcerias dos meios de comunicação com rádios e estações de televisão locais podem ajudar a manter continuamente elevado o nível de consciencialização sobre questões relacionadas com o saneamento e a higiene. Além disso, os meios de comunicação electrónicos tendem a ultrapassar todas as barreiras do analfabetismo.

Os jingles apelativos sobre temas específicos tendem a captar a atenção do público e são mais recordados do que os anúncios convencionais.

Internet:

Os sítios Web interactivos podem revelar-se um modo de comunicação eficaz, especialmente para chegar às crianças, aos estudantes universitários e também à classe trabalhadora da sociedade.

Os sítios Web interactivos devem incluir as seguintes características:

- Ser visualmente apelativo e eficaz na transmissão da mensagem pretendida

- Perguntas frequentes (FAQ) em formato de perguntas e respostas.

- Aceitar perguntas ou comentários

- Fornecer informações sobre vários seminários a decorrer na cidade sobre gestão de resíduos

- Um elemento que apresenta a regulamentação existente em matéria de resíduos de uma forma facilmente compreensível para o cidadão comum

- Facilidade de apresentação de queixas;

- Rádio,

- Televisão,

- Cinema, Música

As crianças em idade escolar devem ser os principais alvos das campanhas de IEC, uma vez que são os principais agentes de mudança na sociedade.

Um canto/caraterística para destacar a gestão inovadora de resíduos ou a transformação de resíduos em recursos, como forma de valorização e de incentivo a outros cidadãos

Ligações de pesquisa para obter mais informações sobre determinados temas relacionados com os resíduos.

Estes tópicos podem ir mudando consoante o tema

Inventário de fornecedores de soluções de gestão de resíduos

Interpessoal:

A comunicação interpessoal que envolve diálogos persuasivos e discussões com membros individuais do agregado familiar, especialmente durante as visitas porta a porta, pode ser a ferramenta de comunicação mais eficaz no âmbito da IEC. Os canais dos meios de comunicação de massas são apropriados para criar consciencialização, mas as interacções interpessoais são essenciais para persuadir os indivíduos a adoptarem comportamentos de promoção da saúde ou do saneamento. As interacções interpessoais são essenciais para persuadir as pessoas a adoptarem comportamentos de promoção da saúde ou do saneamento, pois tendem a aumentar a confiança das pessoas que sentem que as autoridades locais estão realmente a tentar contactá-las pessoalmente e também a atenuar qualquer informação falsa. A utilização de SHGs existentes, grupos comunitários disponíveis na área também podem ser utilizados como veículos de comunicação.

Outros incluem:

Os instrumentos tradicionais de comunicação, como o "dungu", as flautas (teatro musical/dança), os espectáculos de marionetas, as peças de teatro de rua, etc., são desenvolvidos a partir das crenças, costumes e rituais praticados pelas pessoas. Estes são muito antigos e estão profundamente enraizados na cultura indiana. Trata-se, portanto, de uma forma de comunicação que utiliza formas de arte popular vocais, verbais, musicais e visuais, transmitidas a uma sociedade ou a um grupo de sociedades de uma geração para outra. Esta deve ser específica para responder às necessidades da comunidade e deve ter-se o cuidado de a tornar cultural e sensível às questões de género.

A organização de comícios, maratonas ou qualquer concurso num ambiente público pode suscitar grande interesse por parte dos meios de comunicação social e levar as mensagens sobre saneamento às comunidades. Os formatos possíveis, como o compromisso de limpeza, a campanha de limpeza e os eventos oficiais são também ocasiões favoráveis para abordar questões de saneamento e higiene. Podem ser criados eventos anuais especiais para refrescar a consciencialização ou para premiar as comunidades/agregados familiares pelo seu desempenho.

As actividades de sensibilização dirigidas às crianças em idade escolar têm o maior impacto e resultam em mudanças rapidamente visíveis e sustentadas na sociedade. As crianças são comunicadores activos e têm um grande poder de persuasão. É também mais fácil modificar o comportamento das crianças através da partilha de informações, do aumento da base de conhecimentos e da motivação. Devem ser realizadas reuniões regulares com as autoridades escolares para organizar actividades escolares sobre a higiene.

A comunicação interpessoal é a ferramenta de comunicação mais eficaz entre todos os indivíduos, especialmente entre os académicos;

- Aconselhamento
- Interação a nível comunitário,
- Motivação

- Sessões
- Discussões em pequenos grupos
- Educação pelos pares,
- Campanhas porta a porta

No que diz respeito às questões de saneamento, podem ser realizadas nas escolas actividades adequadas à idade e à classe das crianças. Devem ser encorajadas actividades que envolvam tanto rapazes como raparigas, uma vez que tal contribui significativamente para uma socialização saudável. O reforço dos papéis negativos dos géneros e os comportamentos estereotipados devem ser desencorajados.

Formulação de um plano de ação pormenorizado para a sensibilização

Uma vez selecionado o grupo-alvo e o modo de comunicação, deve ser elaborado um plano de ação pormenorizado, incluindo um calendário exato. O plano de trabalho pormenorizado servirá como um projeto abrangente para levar a cabo toda a campanha de sensibilização. As actividades do plano de ação podem ser classificadas de acordo com a programação a curto, médio e longo prazo. As autoridades urbanas locais podem utilizar o plano de trabalho para acompanhar e monitorizar as actividades e o progresso da sua campanha de sensibilização. Os recursos, tanto institucionais como financeiros, devem também ser identificados para apoiar a execução do plano.

Implementação de uma campanha de sensibilização

Todos os esforços das etapas anteriores que conduziram a um plano pormenorizado têm de ser postos em prática.

Todas as medidas de sensibilização identificadas devem ser implementadas, de acordo com a lista detalhada de actividades, os recursos e o orçamento aprovado, tendo sido feito um pré-teste dos principais materiais. Toda a implementação deve ser supervisionada e coordenada por uma equipa/comité do governo local.

Implementação da campanha de sensibilização

- Indicar as questões a cobrir em função das necessidades/exigências sociais e culturais
- Elaborar mensagens relevantes para os meios de comunicação seleccionados
- Testar no terreno o projeto de material e finalizar o material com grupos-alvo seleccionados (incluir mulheres, jovens e crianças como grupos-alvo)
- Formar os trabalhadores no terreno/Coordenações Municipais/ONG/SHG
- Acompanhar os progressos no terreno

Acompanhamento e avaliação da campanha

De acordo com os parâmetros delineados no plano de sensibilização, a equipa de acompanhamento e avaliação designada deve realizar um acompanhamento e uma avaliação regulares para que as autoridades urbanas locais possam medir o sucesso da campanha e as suas mensagens-chave, bem como aprender com os erros. O programa deve ser monitorizado através de uma avaliação dos indicadores de mudança de comportamento e de outros impactos visados.

Sugestão de ferramentas de comunicação para utilização na Gestão de Resíduos Sólidos;

A dança, o teatro, as marionetas e os espectáculos de rua podem ser utilizados como parte de uma estratégia a longo prazo. Estes podem também ser utilizados para divulgar a informação necessária nas colónias residenciais.

Podem ser preparados filmes de curta duração para benefício dos cidadãos e do pessoal da SWM

O que fazer e o que não fazer na gestão de resíduos em locais públicos

• Pode ser preparada uma revista de parede/pôster para informação e divulgação nas escolas e nos escritórios

• Deverão ser organizados concursos de desenho e de redação sobre a ADM para os estudantes do ensino secundário, com prémios de incentivo

• As campanhas e os programas devem ser organizados com a participação de celebridades. O papel das celebridades femininas poderia ser utilizado para sensibilizar para questões específicas relacionadas com as mulheres, questões sanitárias, etc.

• Deve-se procurar a cooperação dos líderes espirituais e culturais para a divulgação das mensagens relativas à gestão correcta dos resíduos sólidos

• As agências municipais, ao licenciarem as feiras e festivais, etc., devem insistir com os organizadores para que forneçam os cartazes com mensagens WM

• Todos os painéis em vários locais de construção devem ostentar uma linha proeminente que procure a cooperação dos cidadãos para manter a cidade limpa

• Com a ajuda de agências especializadas, deve ser criado/criado um logótipo/mascote/slogan sobre a importância de manter as cidades, que deve ser amplamente adotado

• A literatura sobre as melhores práticas deve ser preparada e distribuída aos cidadãos

• Os livros de apontamentos para crianças em idade escolar impressos através de agências governamentais devem incluir a mensagem sobre campanhas de limpeza

• Devem ser preparadas pequenas brochuras para servir de base de dados sobre a gestão dos resíduos sólidos urbanos

• Os espectáculos de magia/programas de magia simples devem ser popularizados para propagar as ideias.

• As mensagens podem ser amplamente distribuídas, imprimindo-as em sacos de leite, T-shirts

Calendário de execução

O plano de gestão de resíduos sólidos urbanos (MSWM) deve abranger um período de planeamento a curto prazo de, pelo menos, 5 anos e um período de planeamento a longo prazo que varia entre 20 e 25 anos. O plano a curto prazo deve conduzir à realização do plano a longo prazo.

Cada plano a curto prazo deve ser revisto de 2 em 2 ou de 3 em 3 anos, para garantir um maior sucesso na execução de todas as actividades do plano. Com base na identificação dos níveis de serviço a atingir a curto prazo, deve ser elaborado um plano detalhado das acções a realizar em cada ano. O plano de execução deve também incluir uma estimativa pormenorizada dos recursos humanos e dos investimentos de capital necessários.

O plano a longo prazo deve ser aprofundado para identificar planos de ação a curto prazo, associados a prazos de execução. Cada plano a longo prazo consistirá normalmente em 4-5 ciclos de planeamento a curto prazo. As acções a realizar em cada um destes ciclos de planeamento devem ser claramente identificadas. O plano de curto prazo de um ano pode ser dividido em planos de ação específicos que abrangem vários aspectos, como o reforço institucional, a mobilização da comunidade, iniciativas e programas de minimização de resíduos, recolha e transporte de resíduos, tratamento e eliminação e outras alterações políticas que possam ser consideradas necessárias.

Plano a curto prazo (6-10 anos)

- Planos de ação

- Calendário de execução

Componentes do Plano MSWM

A estrutura financeira necessária para cada plano de ação deve ser elaborada e as fontes de financiamento devem ser determinadas na fase de planeamento. O planeamento financeiro tem também um impacto direto sobre os mecanismos de contratação a adotar.

As acções plurianuais devem ser elaboradas numa base anual, com um custo associado à sua execução em cada ano. Deve ser elaborada uma definição clara dos papéis dos vários intervenientes na ação e deve ser verificada a adequação dos recursos humanos necessários.

Os ULB podem ter de reforçar a capacidade técnica do pessoal da MWM, a fim de planear e executar o plano MWM de uma forma financeiramente viável e sustentável.

Antes da execução do plano de ação, deve ser elaborada uma lista pormenorizada, anual e equitativa, das necessidades em termos de capacidade de pessoal e de formação e devem ser colmatadas todas as lacunas identificadas.

Plano a curto prazo

- Planos de ação
- Calendário de execução
- Prazos Mão de obra
- Requisito
- Viabilidade financeira &
- Modo de contratação

Componentes de um plano a curto prazo

O projeto de plano de gestão das minas terrestres, completo com planos de ação e um calendário de execução, deve ser apresentado e aceite pelo comité de partes interessadas que contribuiu para o projeto de plano. (Etapa 3 do processo de planeamento).

Com base nas reacções da equipa de partes interessadas, poderão ser necessárias novas revisões do plano.

Aprovação do Conselho Municipal para o Plano MWM

Após a devida consideração das recomendações do comité de partes interessadas, o plano revisto deve ser apresentado ao Conselho Municipal da ULB ou organismo equivalente para validação e adoção como plano oficial.

A Câmara Municipal deve concordar com as disposições do plano, incluindo os mecanismos tarifários e de cobrança de receitas propostos, os modos de envolvimento do sector privado, as implicações para o pessoal municipal existente e proposto e as localizações propostas para as instalações de gestão de resíduos.

As alterações a qualquer um destes elementos do plano teriam implicações maiores na viabilidade do plano e deveriam ser devidamente registadas e tratadas antes da finalização do plano. O plano final, após quaisquer alterações, deve ser claramente comunicado e apresentado ao Conselho para ratificação final.

Os aterros sanitários comunitários são instalações para a eliminação final de resíduos sólidos urbanos em terra, concebidas e construídas com o objetivo de minimizar os impactos no ambiente. As Regras de Resíduos Sólidos Municipais (Gestão e Manuseamento) de 2000 e o projeto de Regras revistas de 2013 fornecem regulamentos abrangentes sobre a localização, conceção e funcionamento de aterros sanitários.

Um aterro moderno que cumpra estes requisitos é uma instalação complexa composta por vários equipamentos para minimizar os impactes ambientais. Tudo isto faz parte da estratégia a curto prazo de fornecer mecanismos para uma melhor e mais sustentável eliminação de resíduos, com o objetivo final a longo prazo de ter menos ou zero resíduos nas ruas da cidade e em áreas críticas como os canais de drenagem

Componentes de um Aterro Sanitário

Resíduos adequados para deposição em aterro

O estado e a composição dos resíduos adequados para serem depositados num aterro sanitário municipal são regulamentados pelas regras relativas aos resíduos sólidos urbanos de 2000 e pelo projeto de 2013. O aterro sanitário é necessário para os seguintes tipos de resíduos:

o Resíduos que, pela sua natureza ou através de pré-tratamento, são não biodegradáveis e inertes

o Resíduos misturados (resíduos mistos) não considerados adequados para processamento de resíduos o Rejeitados de pré-processamento e pós-processamento das instalações de processamento de resíduos o Resíduos não perigosos não processados ou reciclados.

A deposição em aterro sanitário não é permitida para os seguintes fluxos de resíduos nos resíduos sólidos urbanos:

o Resíduos biodegradáveis/resíduos de jardim (de preferência compostados);

o   Materiais recicláveis secos (de preferência, devem ser reciclados);

o   Resíduos perigosos (necessita de locais para resíduos perigosos com equipamento especial).

Seleção do local para um aterro

Uma operação de aterro com impactos ambientais minimizados começa com a seleção de um local adequado. As Regras de Gestão de Resíduos Sólidos de 2000 e o projeto de revisão das Regras de 2013 estipulam que a distância mínima que tem de ser mantida do aterro deve ser determinada por;

* Barreira geológica
* Revestimento de base impermeável
* Camada de drenagem
* Sistema de recolha de lixiviados
* Vala de drenagem de águas pluviais
* B barragens de ordenamento
* Estradas de circulação
* Corpo do aterro
* Enchimento e compactação em camadas
* Sistema de ventilação de gás
* Sistema de cobertura de proteção
* Colectores de gás
* Controlo das águas subterrâneas
* Replantação

A Autoridade Nacional de Gestão Ambiental, através da KCCA, deve, por conseguinte, contactar a Autoridade Estatal de Avaliação do Impacto Ambiental, através do Ministério da Água e do Ambiente, para determinar as distâncias a manter em relação a grupos habitacionais, zonas florestais, massas de água, monumentos, parques nacionais, zonas húmidas e locais de importância cultural, política, histórica e religiosa e, consequentemente, selecionar um local adequado.

Mensagens-chave para os decisores

Um aterro sanitário bem equipado e operado é indispensável para qualquer sistema de gestão de resíduos sólidos urbanos para a eliminação segura dos resíduos. A construção de aterros regionais comuns deve ser considerada tendo em conta a gestão profissional, as economias de escala e os benefícios socioambientais

Implementação do plano de resíduos

Implementação do plano WM e autorizações necessárias

O chefe do executivo municipal, os directores municipais das diferentes direcções, o Secretário / Diretor Executivo, são responsáveis pela implementação do Plano de Gestão de

Resíduos Urbanos, que deve ser desenvolvido de acordo com as orientações dadas nas estratégias anteriores de transmissão de mensagens desta publicação. O chefe do executivo deve operacionalizar o plano através do Departamento de Gestão de Resíduos ou da Zona da ULB.

Algumas das principais actividades a realizar no âmbito da execução do plano de gestão empresarial a curto prazo são apresentadas a seguir:

Plano MSWM

ULB Implementação de um plano de curto prazo para pelo menos 5 anos

Prestação de serviços MWM

Planos de ação para cada serviço de GMO DPRs para:

Projectos específicos

Mecanismos institucionais de apoio à prestação de serviços

Criação de instituições e melhoria das capacidades para a prestação de serviços de gestão de resíduos sólidos urbanos

Mecanismos de informação sobre o desempenho

Controlo da aplicação

As instalações de gestão, processamento, tratamento e eliminação de resíduos urbanos exigem autorizações e aprovações legais/estatutárias para a sua criação, consoante o tipo de instalação a criar. As Regras relativas aos Resíduos Sólidos Urbanos (M&H) de 2000/2013 e a Notificação de Avaliação do Impacto Ambiental (AIA) de 2006 (MoEF) fornecem orientações sobre os requisitos legais para o estabelecimento de instalações de armazenamento, processamento, tratamento e eliminação. Segue-se uma lista indicativa das autorizações e das leis aplicáveis que regem a criação de instalações de eliminação de resíduos sólidos urbanos.

Lista indicativa de autorizações legais/actos aplicáveis e aprovações não legais exigidas por todas as instalações de processamento/tratamento/eliminação de RSU Autorizações legais

* Autorização da NEMA
* Autorização para plantas à base de composto
* Utilização do solo pela Autoridade Tributária
* Autorização da autoridade estatal da eletricidade para o fornecimento de ligação à rede
* Aprovações não estatutárias
* Prova de posse do terreno
* Carta e Acordo de Sanção de Empréstimo Bancário
* Nota de avaliação bancária
* Acordo de abastecimento de água
* Contrato de aquisição de energia

- Acordo de fornecimento de RSU com a Autoridade da cidade

Outros actos que podem reger o estabelecimento destas instalações dependem das condições específicas de aplicação:

Acordos de contratação para a prestação de serviços de ADM

- Os seguintes aspectos essenciais devem ser considerados pelos ULB ao decidirem contratar serviços de gestão de resíduos sólidos urbanos.

- Os ULB devem identificar os serviços que podem ser efetivamente prestados pelo pessoal existente e pelos recursos financeiros disponíveis.

- Subsequentemente, devem ser identificados os serviços que terão de ser subcontratados devido à limitação dos conhecimentos técnicos, da capacidade e dos recursos financeiros internos.

- Os benefícios e os problemas potenciais da externalização de serviços que a ULB não pode prestar (tal como acima identificados) devem ser plenamente avaliados e compreendidos. Deve ser preparada uma justificação para a necessidade de subcontratar os serviços identificados.

- A viabilidade comercial/económica dos serviços a subcontratar deve ser verificada e devem ser avaliados os modelos de contrato adequados e os seus benefícios para cada um dos serviços a subcontratar.

- Quando é contratada mão de obra contratada, a ULB deve garantir o cumprimento das disposições da "Contract Labor Abolition & Regulation Act 1970"

- A partilha de todos os riscos possíveis: técnicos, operacionais e financeiros entre o ULB e o operador deve ser pormenorizada

- Nos casos em que esteja em causa a aquisição de terrenos/reabilitação da comunidade, o ULB deve substituir o contratante na abordagem destes aspectos.

- Os contratos devem especificar a gama de tecnologia/tecnologias que podem ser adoptadas depois de o ULB proceder a uma avaliação exaustiva das tecnologias disponíveis para serviços específicos.

- Ao determinar as vantagens da subcontratação de serviços, o ULB elaborará um caderno de encargos.

- Referência para o serviço contratado

- Nem todos os modelos de contratação são adequados para cada uma das operações de gestão de resíduos sólidos.

- A Autoridade Municipal pode adotar um ou mais dos seguintes modelos de contratação:

- Contrato de serviço de recolha porta-a-porta e transporte de resíduos)

- Contrato de gestão, ou seja, recolha porta-a-porta, recolha de resíduos C&D, armazenamento secundário e transporte de resíduos.

- Construir e transferir (estação de transferência, aterro sanitário (SLF))

- Construção, exploração e transferência (biometanização, compostagem, SLF)

- Construção, propriedade, exploração (compostagem, combustível derivado de resíduos (CDR), incineração)

- Contrato de conceção, construção, propriedade, exploração e transferência (DBOOT) para grandes instalações de compostagem,

- Contrato de conceção, construção, financiamento, exploração e transferência (DBFOT) de grandes instalações de compostagem,

- Instalações FTR, incineração e SLF

- Os ULBs podem decidir agrupar certos serviços ao contratar operações de gestão de resíduos sólidos, a fim de criar responsabilidade e eficiência no sistema.

- Deve ser adotado um processo de adjudicação transparente para a seleção do parceiro PPP, de preferência através de um consultor de transacções, após a preparação de um relatório de projeto pormenorizado. Os

- A autarquia deve optar por um processo de seleção numa única fase ou em duas fases para a adjudicação de contratos ao sector privado.

Algumas das condições de habilitação para o proponente de um contrato local bem sucedido

- Um processo de concurso transparente

- Entrega atempada de instalações livres de ónus (físicos e jurídicos)

- As autorizações, as aprovações e os processos de tomada de decisão devem ser rápidos, uma vez que os atrasos na aprovação e nas autorizações têm consequências graves, como variações económicas, especialmente em termos de valor monetário, em caso de incertezas.

- Uma estrutura de projeto e um modelo de receitas sustentáveis, com uma repartição adequada dos riscos

- A sensibilidade da proposta financeira ao preço deve ser estabelecida, especificamente no que respeita ao capital, aos subsídios e à venda de produtos. Trata-se de um indicador sólido da viabilidade financeira dos projectos propostos, mesmo em caso de alteração das circunstâncias previstas.

- Envolvimento e aceitação políticos e das partes interessadas; estes são pré-requisitos cruciais para o êxito das PPP

- Os mecanismos de recuperação de custos e de receitas devem basear-se numa avaliação do mundo real

- A transparência das subvenções e o reforço do crédito contribuem para acelerar o encerramento financeiro

- Indicadores claros baseados no desempenho

- Devem também ser concedidos incentivos adequados aos ULB e aos contratantes locais.

O Diretor Executivo do ULB é responsável pela implementação do Plano de Gestão a curto prazo. A implementação do plano inclui o planeamento de serviços que a ULB pode realizar com o seu próprio pessoal e a identificação de actividades que requerem a participação do sector privado. As capacidades institucionais e os recursos financeiros devem ser assegurados no início da implementação do plano. As actividades subcontratadas terão de ser objeto de concurso, de acordo com disposições específicas, com salvaguardas adequadas incluídas nos documentos de concurso.

Em função da natureza das actividades a concurso, pode ser adotado um de vários modelos de contratação, conforme seja relevante para o projeto em causa. Um processo de concurso transparente e critérios de desempenho combinados com um controlo rigoroso garantem o êxito dos projectos de PPP.

Controlo da aplicação do plano SWM

Deverá ser adotado um sistema abrangente de monitorização e avaliação para avaliar os progressos no sentido do cumprimento das metas do plano de gestão de resíduos sólidos urbanos e para monitorizar a execução bem sucedida do plano. O sistema de monitorização adotado deve

Recolher dados regularmente e analisar a informação recolhida, propor medidas correctivas e apoiar o processo de planeamento e implementação.

A institucionalização de sistemas adequados de garantia da qualidade é essencial para assegurar um sistema contínuo e eficiente de gestão dos resíduos sólidos urbanos. O desempenho de todos os componentes dos sistemas de gestão de resíduos sólidos, desde a recolha até ao tratamento e eliminação, deve ser mantido numa base diária. O controlo e a avaliação da gestão de resíduos sólidos urbanos no âmbito de um sistema de informação de gestão devem seguir um calendário estabelecido, com relatórios regulares que mostrem os progressos ou as lacunas na prestação de serviços. Os organismos locais urbanos podem nomear um organismo independente para avaliar a prestação de serviços.

A prestação de serviços centrados no cidadão deve também ser monitorizada através de um mecanismo de feedback que deve incidir principalmente nas preocupações da comunidade relativamente à recolha ao domicílio, ao armazenamento primário e ao transporte de resíduos.

A recolha e análise de dados relacionados com a gestão de resíduos sólidos é necessária para avaliar a situação existente e propor medidas adequadas para melhorar a prestação de serviços. Um sistema de informação de gestão (SIG) pode armazenar e recuperar informações relevantes para análise, que podem ser utilizadas pelos decisores.

O chefe do departamento de gestão de resíduos sólidos deve ser responsável pelo controlo e avaliação. Deve ser constituída uma equipa específica de acompanhamento e avaliação com funções e responsabilidades distintas. Deve ser recrutado pessoal no terreno e devem ser fixados calendários de apresentação de relatórios.

Os relatórios gerados devem conter informações críticas sobre a gestão dos resíduos sólidos da zona de planeamento.

Os relatórios devem ser utilizados eficazmente para a tomada de decisões, identificando lacunas e medidas correctivas benéficas para os decisores. Devem ser desenvolvidos formatos normalizados para a elaboração de relatórios diários, mensais, trimestrais ou anuais, em função das necessidades. Sempre que possível, deve ser desenvolvido um sistema MIS para facilitar a recolha e a comunicação destas informações. Estas informações devem também ser utilizadas para a revisão intercalar da gestão dos resíduos sólidos urbanos

Plano e para definir os objectivos de futuros períodos de planeamento.

Esta informação pode também ser utilizada para a avaliação dos parâmetros de referência do nível de serviço (SLB).

Os Governos Estaduais utilizam os SLBs para monitorizar os progressos a longo prazo da prestação de serviços de SWM nas ULBs. A libertação de fundos da Comissão de Finanças do Estado está parcialmente dependente da consecução de objectivos pré-definidos pelos ORT.

Os indicadores relevantes foram estipulados pelo Ministério de Kampala e pela Presidência.

- Cobertura dos serviços de gestão de resíduos sólidos a nível dos agregados familiares
- Eficiência da recolha de resíduos sólidos urbanos
- Grau de segregação dos resíduos sólidos urbanos
- Percentagem de resíduos sólidos urbanos valorizados
- Grau de eliminação científica dos resíduos sólidos urbanos
- Eficiência na resolução das queixas dos clientes
- Grau de recuperação dos custos dos serviços de gestão de resíduos sólidos
- Eficiência na cobrança das taxas de gestão dos resíduos sólidos urbanos

Importância da O&M para garantir a prestação de serviços

Independentemente de a prestação de serviços ser efectuada por um contratante privado ou pelos ULB, o plano de operação e manutenção tem de ser cumprido. O plano de operação e manutenção (O&M) deve ser elaborado pela autoridade responsável pela aquisição e gestão do equipamento/instalações: ou a ULB ou o operador privado. Os planos de O&M elaborados pelos operadores privados devem ser ratificados pelo departamento de gestão de resíduos sólidos.

O plano de O&M deve incluir calendários e responsabilidades de manutenção preventiva, bem como orientações para a manutenção em caso de avaria. Deve ser da responsabilidade do supervisor e do operador manter e atualizar regularmente o plano de O&M. O plano deve também indicar os procedimentos de registo, comunicação, análise e ação futura.

A operação e a manutenção preventivas (O&M) de equipamentos, veículos e instalações garantem a sustentabilidade a longo prazo da prestação de serviços de gestão de resíduos sólidos.

Todos os contratos celebrados com agentes do sector privado, independentemente do modo de adjudicação, devem incluir uma disposição relativa à exploração e manutenção de todos os veículos, equipamento e instalações durante o período do contrato. A duração do contrato deve coincidir com a vida útil prevista dos veículos e do equipamento, em especial quando se prevê que o contratante invista na aquisição de veículos e equipamento.

Os cidadãos devem ter a oportunidade de comunicar questões relacionadas com a prestação de serviços de gestão de resíduos sólidos. Deve ser elaborada uma carta do cidadão para informar os cidadãos sobre o tipo de serviços prestados e o processo de resolução de queixas implementado na ULB.

A prestação de serviços de RSU deve ser monitorizada numa base contínua para garantir os níveis de serviço concebidos numa base contínua. Os Sistemas de Informação de Gestão (SIG) devem ser utilizados para registar dados periódicos, recuperar essa informação e analisá-la para efeitos de tomada de decisões. Os planos de **operação e manutenção** devem ser preparados por cada um dos operadores/encarregados dos serviços ou projectos de gestão de resíduos sólidos. A ULB deve examinar e validar os planos **de O&M** dos prestadores de serviços privados. A manutenção preventiva é muito importante para garantir veículos em bom estado de conservação e equipamento em bom estado de funcionamento. Os ULB devem insistir na orçamentação da manutenção preventiva e no registo de falhas.

Os cidadãos devem ter a possibilidade de comunicar e procurar resolver os problemas de serviço através de um sistema adequado de resolução de queixas para gerir grandes quantidades de resíduos.

Consequentemente, as diferentes formas de resíduos excepcionais requerem sistemas de recolha e tratamento específicos para que sejam menos nocivos para o ambiente e para a saúde das pessoas.

Normalmente, nem todos os resíduos especiais exigem o envolvimento operacional dos *ULB*. As seguintes medidas podem ser consideradas relevantes:

- Sistemas de responsabilidade alargada do produtor (EPR): As pilhas e certos tipos de resíduos electrónicos podem ser recolhidos e tratados através da reciclagem, uma operação levada a cabo pelos produtores ou retalhistas destes produtos.

- Responsabilidade colectiva do sector privado: Alguns resíduos especiais, como os veículos usados, são normalmente operados sob a responsabilidade total do sector privado. O papel dos organismos públicos é controlar o cumprimento dos requisitos ambientais e espera-se que o sector privado coopere com o sector público para cumprir a legislação aplicável.

Certos tipos de resíduos podem ser tratados no âmbito de programas de parceria público-privada. Isto é crucial no caso dos resíduos biomédicos e dos resíduos de matadouros.

Seleção:

O nível de triagem da matéria-prima depende de vários factores, incluindo a fonte de matéria-prima, a utilização final do produto e as operações e tecnologias envolvidas.

A triagem numa unidade de compostagem *cumRDF* bem concebida consiste na triagem manual num tapete de triagem, seguida da triagem mecânica num ou mais tresmalhos, que é um crivo rotativo sofisticado, descrito a seguir;

Os resíduos misturados são introduzidos num tapete rolante de movimento lento (5 metros/minuto). Os objectos que não são adequados para o tresmalho, como garrafas de vidro, recipientes de metal, materiais perigosos como recipientes de tinta, etc., são retirados à mão e colocados em contentores adequados. Os trabalhadores devem estar munidos de luvas para evitar ferimentos e o transporte de agentes patogénicos. A espessura da pilha de resíduos em movimento no tapete transportador deve ser inferior a 15 cm (para uma melhor triagem manual) e os materiais retirados são armazenados em grandes contentores separados. Trata-se normalmente de material reciclável ou de material com elevado valor calorífico, que pode ser objeto de tratamento posterior para recuperar o conteúdo energético. Os metais são depois retirados dos resíduos através de um sistema magnético suspenso ou de uma roldana magnética.

Os resíduos mistos remanescentes são submetidos a dispositivos mecânicos de separação, como um tresmalho de separação, em que o material que passa através do crivo (80-100 mm) é utilizado para a produção de composto. Pode ser necessário um tresmalho adicional de 200 mm como complemento para instalações com mais de 500 toneladas por dia *(TPD)*, que é colocado antes do tresmalho com aberturas/perfurações de 80-100 mm.

O objetivo de um tresmalho é separar os materiais com base no tamanho através da ação em cascata. Para uma segregação eficaz, é necessário que o material seja submetido a um número suficiente de voltas no interior do tresmalho e, ao mesmo tempo, obtenha uma profundidade de queda suficiente para uma boa ação em cascata. Por conseguinte, o comprimento e o diâmetro do tresmalho são muito importantes. Normalmente, para os RSU, seria desejável um tresmalho com um comprimento de 10 m e um diâmetro de 2,5 m ou superior. Ao mesmo tempo, não deve haver nenhum eixo a passar pelo tresmalho no meio, o acionamento do tresmalho tem de ser externo.

Algumas das tecnologias de separação mecânica que podem ser utilizadas nos resíduos sólidos

Compostagem

-Pré-processamento: Triagem de RSU mistos

-Materiais tecnológicos visados

-Triagem Plásticos, papel, cartão, metal

-Separação magnética Metais ferrosos

-Eddy Separação de corrente Metais não ferrosos

-Separação balística Plástico, papel, vidro, gravilha

-Compostagem de aparas de jardim e resíduos sólidos urbanos

-A triagem resulta na recuperação de material reciclável com elevado poder calorífico

Os pormenores destes processos são brevemente discutidos a seguir:

Crivos: Os crivos são utilizados para controlar o tamanho da matéria-prima. Separam materiais pequenos e densos, como restos de comida, vidro e plásticos, da fração leve e volumosa da matéria-prima. Os crivos de tresmalho são normalmente utilizados para o processamento inicial de materiais em instalações de gestão de resíduos sólidos.

Separadores baseados em ímanes: Os separadores magnéticos criam campos magnéticos que ajudam a remover metais ferrosos da matéria-prima à medida que esta se desloca ao longo dos transportadores. A eficiência dos separadores magnéticos depende principalmente da quantidade de materiais processados e da velocidade a que passam pelo campo magnético.

Máquinas de corrente de Foucault: As máquinas de corrente de Foucault separam o alumínio e outros metais não ferrosos dos RSU. Estas máquinas geram um campo eletromagnético de alta energia que induz uma carga eléctrica nos metais não ferrosos e força estes materiais a serem repelidos das fracções não carregadas da matéria-prima. A matéria-prima deve ser transportada para as máquinas de correntes de Foucault após a separação magnética para minimizar a contaminação por metais. As máquinas de correntes de Foucault não são normalmente utilizadas na Índia, uma vez que os metais não se encontram habitualmente nos resíduos.

Classificadores de ar: Os classificadores de ar separam o material de alimentação com base nas diferenças de densidade, ou seja, ., as fracções mais pesadas (metais, vidro, cerâmica, etc.) são removidas dos materiais mais leves. O coração de um sistema de classificação de ar é uma coluna de ar ou garganta na qual o fluxo de materiais é alimentado a uma taxa especificada. Um grande soprador aspira o ar através da garganta, transportando materiais leves, como papel e plástico ou composto fino e seco, que depois entram num separador de ciclones onde perdem velocidade e caem fora do fluxo de ar. Os materiais pesados caem diretamente da garganta/coluna.

Separação Balística ou Inercial: Esta tecnologia separa os constituintes com base nas diferenças de densidade e elasticidade. Pode ser aplicada para separar materiais no fluxo de composto ou no fluxo de CDR. No entanto, é mais adequada para o fluxo de CDR, para separar a gravilha e outros materiais inertes pesados.

A matéria-prima de compostagem é largada num tambor rotativo ou num cone giratório e as trajectórias resultantes de vidro, metal e pedras, que dependem da densidade e da elasticidade, fazem o material saltar para longe da matéria-prima de compostagem em diferentes comprimentos.

Inóculos adicionais: Os inóculos (cultura bacteriana) são também adicionados à matéria-prima para melhorar a eficiência do processo.

Tecnologias de pré-processamento:

* Crivos: controlam o tamanho da matéria-prima

* Separação magnética: remove metais ferrosos

* Máquinas de correntes de Foucault: Separa o alumínio e outros metais não ferrosos

* Classificadores de ar: removem as fracções mais pesadas, como o vidro e a cerâmica

Equipamento indicativo necessário para a pré-transformação

Carregador: Os carregadores frontais montados em tractores ou carregadores pagos são utilizados para transportar a matéria-prima para os transportadores. Estes veículos têm um acessório semelhante a uma pá na parte da frente da máquina que pode ser levantado por um mecanismo hidráulico para levantar os materiais de alimentação e libertar os materiais para os transportadores ou para as pilhas.

Transportadores: Os transportadores são sistemas mecânicos com correias que passam lentamente sobre rodas rotativas. As correias transportadoras são utilizadas na fase de triagem/separação da compostagem para facilitar a remoção manual do material não compostável. A largura da correia transportadora deve ser suficientemente estreita para que os trabalhadores possam chegar ao seu centro.

Crivos: Os crivos são utilizados principalmente para separar materiais de grandes dimensões da matéria-prima. Os diferentes crivos utilizados são:

Telas de tresmalho: Telas longas e cilíndricas que são colocadas num ângulo para facilitar o movimento do material através da tela perfurada. O material mais pequeno do que a grelha cai e o material com diâmetros maiores do que a grelha passa através do tresmalho. À medida que os crivos do tresmalho rodam, é passada uma escova sobre a parte superior do crivo para remover o material alojado e evitar o entupimento do crivo.

Crivos rotativos: Neste sistema, a matéria-prima é carregada em discos giratórios e perfurados. Os materiais de grandes dimensões são dispersos da peneira devido à ação de rotação. Os materiais de tamanho inferior caem através das perfurações nos discos.

Sistemas de recuperação magnética: Com estes sistemas, um campo magnético remove os metais ferrosos do resto do material de alimentação. São normalmente utilizados os seguintes tipos de separadores magnéticos:

Ímanes de correia suspensos: Os ímanes cilíndricos são instalados sobre uma correia transportadora que transporta a matéria-prima e separa os materiais ferrosos.

Ímanes de tambor: Os ímanes de tambor são colocados sobre uma correia transportadora; os metais ferrosos na matéria-prima que passam por baixo do tambor rotativo são atraídos pelo íman e aderem ao tambor. A questão da adição de inóculos é de grande importância prática devido às suas implicações em termos de custos.

No entanto, os inóculos melhoram o processo de compostagem e também ajudam a suprimir o mau cheiro.

Tecnologias de compostagem

As tecnologias de compostagem podem ser classificadas nas seguintes categorias gerais:

- Compostagem em leiras
- Compostagem em pilha estática aerada
- Compostagem no recipiente
- Compostagem descentralizada
- Compostagem em leiras

O processo de compostagem em leiras consiste em colocar o material de alimentação pré-selecionado em pilhas longas e estreitas, denominadas leiras, que são viradas regularmente para aumentar o arejamento passivo. A operação de revolvimento mistura os materiais de compostagem e aumenta o arejamento passivo.

Separação posterior em tambor de gaiola rotativa (abertura de 75-100 mm)

- Total de rejeições: 20%.

- Resíduos de substrato: 400 toneladas
- Peneira rotativa /tramelo (35 mm)
- Material de compostagem: 156 toneladas
- Peneira rotativa /tramelo (16 mm)
- Material de compostagem: 125 toneladas

Área de cura com armazenamento intermédio

(A estabilização continua)

Refinamento do composto crivado

100 toneladas de composto

Embalagem e armazenamento do composto

- Perda de gás e humidade (35 %) em 3 semanas
- Material de compostagem estabilizado: 260 toneladas
- Perda de gás e humidade (20 %) em 2 semanas
- Material de compostagem estabilizado: 208 toneladas Formação de leiras sobre a almofada de compostagem (empilhadas sob a forma de pilhas trapezoidais, viradas semanalmente durante 3 semanas utilizando um skidloader/ carregador frontal Segregação grosseira de resíduos sólidos urbanos)

Compostagem aeróbia em leiras

Operações unitárias na compostagem em leiras

Plataforma de compostagem (plataforma): Os resíduos sólidos pré-processados são transferidos para a plataforma de compostagem em leiras. A plataforma de compostagem é o local onde as leiras são empilhadas. A plataforma de compostagem deve ser inabalável, forte e impermeável. Por conseguinte, deve ser construída com uma combinação de RCC e PCC adequadamente concebida. A almofada de compostagem deve ter um declive de cerca de 1% para repor o excesso de água (águas pluviais ou lixiviados) das leiras num tanque de recolha de lixiviados. O tanque de recolha de lixiviados é colocado no canto mais baixo da área de compostagem. Este lixiviado deve ser reutilizado para a recirculação de nutrientes e para manter o teor de humidade das leiras.

Os seguintes factores devem ser considerados na localização e conceção da plataforma de compostagem:

1. A base tem de constituir uma barreira para impedir a percolação de lixiviados e/ou nutrientes para o subsolo e as águas subterrâneas.

2. A superfície tem de facilitar o movimento do equipamento, mesmo em condições de tempo húmido.

3. A área de superfície tem de acomodar os resíduos durante 5 semanas, com espaço suficiente para a manobra do equipamento e uma área para estabelecer uma pilha estática para

curar o composto.

A relação entre a altura e a largura da base do leira depende basicamente do ângulo de repouso do material. Os leiras são tipicamente trapezoidais em secção transversal.

O espaço entre as leiras deve ser suficiente para permitir o movimento da máquina de revirar leiras a utilizar na instalação. Normalmente, é de 1 a 3 metros.

A almofada de compostagem deve ser impermeável, ter um sistema de drenagem para recolher os lixiviados para tratamento e um declive adequado para encaminhar os lixiviados para o ponto de recolha

Este tipo de compostagem é o processo de compostagem mais económico e amplamente aceite

Em geral, como a forma média da leira se situa entre o oval e o trapézio, assume-se um fator de 0,66 para estimar os volumes da leira, pelo que a equação para o volume

Com base nisso, deve ser projetado um plano estrutural final da massa de resíduos do aterro;

-Podem ser desenvolvidas diferentes secções de enchimento para garantir que:

O pessoal pode desempenhar eficazmente todas as tarefas operacionais necessárias no aterro.

-O enchimento segue o corpo de resíduos projetado para evitar a transferência secundária de resíduos.

Procedimento de enchimento e compactação de resíduos;

-A zona de enchimento diário deve ser determinada todas as manhãs. Esta deve ser suficientemente larga para evitar o excesso de veículos. Por razões de segurança, a largura das faces de aterro não deve ser reduzida para menos de 15 m.

-Um elevado grau de compactação dos resíduos prolonga o tempo de vida do aterro, reduz a necessidade de material de cobertura, reduz os problemas de lixo e resulta noutros efeitos benéficos, como a minimização das necessidades de terrenos a longo prazo.

-Para maximizar a compactação e permitir uma distribuição óptima do peso do bulldozer, os resíduos devem ser espalhados numa inclinação de 1:3 em camadas de 50 cm.

-Uma boa compactação é conseguida operando o compactador de aterro para cima e para baixo na área de enchimento entre 3 e 5 vezes nas camadas de resíduos.

O solo e outros materiais inertes devem constituir uma cobertura diária de 10 cm de espessura em cima dos resíduos. Por outro lado, para uma cobertura intermédia do solo, podem ser utilizadas folhas de plástico/tapete

Invólucro de resíduos

Os materiais de cobertura incluem coberturas importadas, tais como solo ou outros materiais inertes, bem como materiais como a parte fina de resíduos de **C&D**, varreduras de ruas e sedimentos de limpeza de esgotos secos.

O solo de cobertura deve ser empurrado por um bulldozer ou uma pá carregadora pela encosta acima e espalhado com a maior regularidade possível. A cobertura diária deve ter pelo menos

10 cm de espessura.

Quando se constrói uma carroçaria numa área aberta, os taludes laterais também necessitam de cobertura do solo.

Uma cobertura intermédia é uma adição às superfícies superior e lateral de uma estrutura de resíduos concluída que não se destina a ser coberta no prazo de 180 dias por outra camada de resíduos e que pode ficar exposta às intempéries e ao tráfego de camiões. Estas superfícies devem ser cobertas com uma camada de, pelo menos, 30 cm de solo compactado, varredura de rua, lodo de drenagem seco ou resíduos finos compactados de **C&D**. A drenagem das águas superficiais deve ser efectuada de modo a minimizar o volume de água que entra no local.

O material de cobertura intermédia deve ser removido o mais rapidamente possível antes da aplicação de resíduos sobre ele. A remoção do solo e/ou a escarificação do solo da cobertura intermédia são essenciais para assegurar uma condutividade líquida controlada entre as secções.

Cobertura temporária da superfície

Quando a massa de resíduos tiver atingido o nível final planeado, deve ser colocada uma cobertura temporária de solo compactado ou de resíduos finos de C&D compactados. Esta cobertura é necessária para permitir a circulação de tráfego ligeiro sem expor quaisquer resíduos. A cobertura temporária também ajudará a evitar que a chuva se infiltre nos resíduos.

Cobertura durante a estação das chuvas

Dependendo das condições climáticas, as áreas de enchimento que não são utilizadas devem ser cobertas durante a estação das chuvas.

A cobertura intermédia recomendada é de 45 cm de solo ou, em alternativa, um material de cobertura impermeável. O solo deve ser lavrado e compactado em, pelo menos, dois lanços, nivelado de modo a promover o desprendimento e a limitar a infiltração, e coberto com uma cobertura vegetal ou semeado para evitar a erosão.

Antes de a área ser novamente utilizada para eliminação, a cobertura intermédia deve ser removida antes de poder ser efectuada qualquer outra deposição em aterro.

Cobertura final (sistema de vedação de superfície)

Para minimizar a infiltração de águas pluviais no corpo do aterro e permitir o escoamento das águas pluviais, deve ser instalado um sistema de impermeabilização da superfície após a conclusão final de cada parte do aterro.

Os principais objectivos do sistema de cobertura final são os seguintes

-Controlar a quantidade de filtração das águas pluviais nos resíduos para reduzir as quantidades de lixiviados

-Para evitar a erosão

-Minimizar a migração de gases com efeito de estufa, como o metano e o dióxido de carbono, para a atmosfera;

-Para proteger a camada de impermeabilização de base (impermeável);

-Minimizar outras emissões que causem impactos negativos no ambiente.

-As camadas seguintes fazem parte da selagem da superfície, como ilustrado na figura 4.21:

Camada de drenagem de gás: uma camada granular de drenagem de gás com 30 cm de espessura, formada por cascalho triturado ou resíduos de demolição triturados, para facilitar a recolha de gás;

Camada de argila mineral: O material mineral (60 cm) deve ser argila ou solo alterado e deve satisfazer os requisitos de permeabilidade de k= 10-7 cm/s. Se o solo disponível tiver uma permeabilidade marginalmente superior, podem ser instaladas camadas adicionais de PEAD de 1,5 mm ou geocompósitos ou revestimentos de argila geossintética (GCL) sobre uma camada de solo de 50 cm de espessura. A equivalência global desta conceção de solo + camadas adicionais será verificada e certificada por peritos geotécnicos. Forro de PE HD de 1,5 mm, coberto com uma camada de proteção de 20 cm ou geotêxtil.

Camada de drenagem de água: Uma camada de drenagem de água com 30 cm de espessura formada por brita.

Alternativa: tapete de drenagem (Secudrain) que, no entanto, aumenta os custos;

Camada de solo vegetativo: A camada superior deve ser de solo vegetativo com 100 cm de espessura

Construção de estradas

Uma parte importante das actividades de exploração do aterro consiste em permitir que os veículos cheguem à zona de enchimento, que avança todos os dias, e em cobrir os resíduos depois de serem depositados.

Por conseguinte, é necessária a construção contínua de estradas.

O acesso às diferentes secções de enchimento e às camadas superiores do aterro é possível através da construção de estradas principais de acesso. Estas estradas, com um declive máximo de 10 %, devem ter uma superfície dura e ser protegidas com uma vala lateral para drenar as águas superficiais que fluem da superfície de cobertura temporária. Estas estradas de acesso principal devem ter uma largura suficiente (7-8 m) para o tráfego de veículos nos dois sentidos. Não deve ser permitida a circulação de equipamento acorrentado na estrada de acesso principal, uma vez que é suscetível de causar danos.

As estradas secundárias temporárias vão desde as estradas de acesso principais até à face de eliminação e, por conseguinte, terão uma vida curta. A colocação destas estradas tem de ser efectuada com base nas instruções do gestor de operações. Estas estradas são normalmente feitas de resíduos de material de demolição que foram entregues para eliminação no local. No topo, podem ser utilizados 20 a 30 cm de gravilha ou outro tipo de resíduos industriais.

Enchimento de buracos: Os buracos devem ser tapados com materiais compatíveis com o leito da estrada.

Enchimento de áreas onde ocorre assentamento: Quando as estradas são construídas em áreas de enchimento, o assentamento da massa de resíduos pode causar fissuras numa estrada ou alterar a inclinação da mesma. As fissuras devem ser preenchidas com material compatível com o leito da estrada.

Manutenção das valas junto à estrada: Todas as valas devem ser mantidas livres de obstruções e detritos. As inspecções de todas as valas e estruturas de drenagem devem ser feitas pelo menos uma vez por semana após as chuvas, ou com maior frequência se necessário. Os detritos devem ser removidos das valas.

Gestão das águas pluviais

Todas as valas de águas superficiais, condutas, canais de drenagem e lagoas de decantação (lagoas de águas pluviais) devem ser projectadas por um hidrólogo com base em dados hidrometeorológicos.

Recolha de águas superficiais

A gestão das águas superficiais é necessária para garantir que o escoamento das águas pluviais não escorra para os resíduos a partir das áreas circundantes e que não haja acumulação de água nas coberturas dos aterros.

Estes objectivos devem ser alcançados através do seguinte:

-As águas pluviais que escorrem das encostas acima e fora da área do aterro deverão ser interceptadas e canalizadas para cursos de água sem entrar na área operacional do local. Este canal de desvio pode exigir um revestimento de baixa permeabilidade para evitar fugas para o aterro.

-As chuvas que caem em áreas dentro do aterro, mas nas coberturas finais de segmentos de aterro concluídos, devem ser desviadas para canais de drenagem a partir de áreas de aterro activas e encaminhadas através de um tanque de decantação para remover o lodo em suspensão, antes da descarga.

-Quaisquer canais de drenagem ou drenos construídos na superfície restaurada do aterro devem ser capazes de acomodar o assentamento da massa de resíduos, resistir à erosão e lidar com condições de tempestade localizadas.

-A cobertura final deve ter uma inclinação de 3 a 5% para uma correcta drenagem das águas superficiais.

Sistema de drenagem de águas superficiais em aterro concluído

Tanque de retenção de águas pluviais

A bacia de retenção de águas pluviais deve ser projectada de acordo com as condições locais.

Deverá proteger as aldeias situadas a jusante contra inundações. A construção deve ser concebida como uma bacia subterrânea com uma descarga regular para o curso de água recetor. No entanto, as águas retidas podem ser utilizadas para fins de irrigação em condições de clima seco.

Manutenção do sistema de águas pluviais

O pessoal do aterro deve inspecionar periodicamente os drenos. A inspeção regular deve ser feita semanalmente.

No entanto, depois de chuvas fortes, o sistema de águas pluviais tem de ser inspeccionado e desobstruído de lama e areia.

Pode presumir-se que os canos e as valas estão cheios de papéis e sacos de plástico após a ocorrência de tempestades fortes. Por isso, é obrigatório efetuar uma limpeza em intervalos regulares.

O tanque de águas pluviais também tem de ser limpo de papéis e plásticos.

Gestão de gases de aterro

Uma grande parte dos resíduos mistos (50-70%) consiste em partes biodegradáveis que produzirão gás metano. Com o objetivo de reduzir os impactos ambientais, bem como as emissões de GEE, é obrigatório instalar um sistema de desgaseificação no Aterro Sanitário.

As estratégias de gestão do gás nos leiras/aterros sanitários devem seguir uma das seguintes opções:

-Ventilação passiva controlada

-Recolha ativa controlada e tratamento/reutilização

Ventilação passiva controlada

Para todos os aterros sanitários, recomenda-se a utilização de sistemas de desgaseificação passiva controlada sob a forma de janelas de gás cobertas por aberturas de gás passivas adequadas. As janelas de gás devem ser instaladas na estrutura do revestimento final.

As janelas de gás são aberturas no sistema de cobertura que podem ser preenchidas com composto para evitar a geração de maus cheiros. O tamanho não deve ser inferior a 1 m x 1 m e a distância entre duas janelas de gás deve ser de cerca de 20 m.

Colocação do respiradouro passivo

Recolha ativa controlada e tratamento/reutilização

A fim de reduzir as emissões de GEE, especialmente o metano, com o seu elevado potencial de aquecimento, os futuros aterros devem sempre instalar sistemas activos de recolha de gases. O sistema de desgaseificação ativa deve conter os seguintes elementos, como se refere a seguir:

Poços de recolha de gás: cada poço cobre uma área de recolha de cerca de 2 000 m²

Tubos de transporte de gás: A partir de cada poço de gás, serão instalados tubos de transporte de gás PEAD nos resíduos durante o procedimento de enchimento e ligados através do tubo de recolha principal à estação de compressão e ao queimador

Estação de compressão e sistema de utilização de gás ou flare: O gás pode ser alimentado numa estação de sopro e num queimador, que transforma o metano em CO_2 e água. Isto reduz ligeiramente o potencial de aquecimento, uma vez que o CO_2 tem um potencial de aquecimento inferior ao do metano.

Muito melhor em termos de mitigação das alterações climáticas e de eficiência dos recursos é a utilização do gás para produzir energia eléctrica através de um gerador[1] .

- Após um período de vida do aterro de três a cinco anos, estará disponível gás suficiente para que a instalação de um gerador de gás possa ser rentável. A recuperação de gás através de poços - recolha controlada ativa e tratamento/utilização - só deve ser adoptada com base num estudo de viabilidade realizado por peritos nesta área.

Espero que tenha sido uma boa experiência e uma interação frutuosa com algumas ideias bem pensadas, conhecimentos e percepções sobre a gestão de resíduos e o que afecta as nossas cidades, especialmente no caso da maioria dos países em desenvolvimento.

Agradeço a vossa companhia ao longo desta publicação e espero que tenham ficado a conhecer algumas recomendações que são rigorosas para o desenvolvimento de bons e melhores sistemas de gestão de resíduos nas nossas habitações. Foi possível efetuar algumas compilações de dados estatísticos para as várias cidades referidas neste artigo. Por muito insuficientes que sejam, espero que nos tenham permitido obter uma imagem completa do que se passa exatamente no terreno.

E às autoridades que são demasiado protectoras em relação a dados que são imperativos para os académicos e para o público em geral, o meu humilde apelo é que estejam abertos a estas invenções altruístas e que as apoiem, pois todas elas se destinam a melhorar as nossas sociedades e o nosso povo e não a criticar as vossas pastas, o que foi feito e o que não foi feito.

Nas próximas edições desta publicação, prometo que conseguiremos ir mais longe do que isto em termos de dados estatísticos e resultados de testes laboratoriais e, claro, com as consequências socioeconómicas da gestão de resíduos nas nossas cidades.

Os meus sinceros cumprimentos pela vossa perseverança ao longo desta viagem da minha narração. Sejam abençoados!!!

Referências

Organização Central de Saúde Pública e Engenharia Ambiental. (2014). Ministério do Desenvolvimento Urbano Resíduos Sólidos Urbanos.

Coburn, J. B., Pingoud, K., Thorsen, G., & Wagner, F. (2006). Solid Waste Disposal (Eliminação de Resíduos Sólidos). *2006IPCC Guidelines for National Greenhouse Gas Inventories Volume 5: Waste,* 40. Obtido em http://www.ipcc-nggip.iges.or.jp/public/2006gl/pdf/5_Volume5/V5_3_Ch3_SWDS.pdf

Ghanaweb, S. (2012). Factores que impedem o desenvolvimento de África a€™ s.

Madinah, N., Boerhannoeddin, A., Binti, R. N., & Ariffin, R. (2014). Divisão de Geração e Composição de Resíduos Sólidos na Autoridade da Cidade Capital de Kampala, Uganda: Tendências e Gestão. *IOSR Journal of Environmental Science Ver. III, A*(10), 23192399.

NEMA. (1999). O Regulamento Nacional do Ambiente (Gestão de Resíduos), S. I. I . *Statutory Instrumentstatutory Intruments,* (52).

Nicholas, A. (2016). Deficiência da gestão de resíduos sólidos na vizinhança de Kawempe, *1,* 1.

Relatório, A., & Declarações, F. (2011). Autoridade da cidade capital de Kampala, 1-45.

A Lei dos Governos Locais. (2000). Portaria dos Governos Locais (Conselho Municipal de Kampala) (Gestão de Resíduos Sólidos). Obtido em http://www.kcca.go.ug/uploads/acts/Solid waste ordinance.pdf

Banco Mundial. (2005). Waste Management in China : Issues and Recommendations May 2005. *Urban Development Working Papers,* (9), 156. Obtido em http://siteresources.worldbank.org/Inteapregtopurbdev/Resources/China-Waste-Management1.pdf

Water, B. Y. N., & Corporation, S. (2015). Gestão de esgotos em áreas urbanas, (março).

Printed by Books on Demand GmbH, Norderstedt / Germany